自然旅记丛书

飞悦四季
——山鹰观鸟记 II

朱敬恩 著

上海科学技术出版社

图书在版编目（CIP）数据

飞悦四季：山鹰观鸟记Ⅱ/朱敬恩著. — 上海：
上海科学技术出版社，2019.10
（自然旅记丛书）
ISBN 978-7-5478-4575-2

Ⅰ.①飞⋯ Ⅱ.①朱⋯ Ⅲ.①鸟类-普及读物 Ⅳ.
①Q959.7-49

中国版本图书馆CIP数据核字（2019）第194885号

飞悦四季——山鹰观鸟记Ⅱ
朱敬恩　著

上海世纪出版（集团）有限公司
上海科学技术出版社　出版、发行
（上海钦州南路71号　邮政编码200235　www.sstp.cn）
上海盛通时代印刷有限公司印刷
开本 787×1092　1/16　印张 13
字数 186千字
2019年10月第1版　2019年10月第1次印刷
ISBN 978-7-5478-4575-2/N·183
定价：65.00元

本书如有缺页、错装或坏损等严重质量问题，请向工厂联系调换

前　言

在很多人眼里,我是一个"很会玩"的人。

这里说的"玩",其实是"旅行"的近义词。我从小不喜欢被拘束在屋子里,从上小学开始,得空就会去郊外的田野或山林里走走。说不清为什么会这样,我只是单纯地喜欢几乎无人的小路、飘忽不定的山风、荷塘独有的香气,以及一年中树林里光影的疏密变化和色彩的四季轮替。甚至有时候我会停下来静静地读一下荒野墓地里的碑文,琢磨着埋在下面的人该是怎样的古老面目。其实墓碑上的好多字是繁体字,当时并不认识,不过也没关系,反正地底下的人也不会爬起来教训我"要好好读书"什么的。

后来我离开小县城,外出求学、工作,渐行渐远,看到的也更多。越是如此,越觉得旅行的本质是一种探索:一切未知却又默默存在于那里并凝聚成一股具有磁石般吸引力的东西,譬如建筑、文物、各地美食、自然风貌和野生动植物,都在时间的长河里携带着历史的波涛汹涌而至,然后以今天我能看到的模样续写着未来,或者在某处以断崖式的惊愕忽然消失。尽管我身在旅途,毕竟只是路过,却因为多了一丝关注(就好像我会记住风的力度、碑文的磨损一样),便可能暂时地陷入其中,幻化成其中的一部分,感此悲凉冷热。等旅途结束抽身而回,身虽依旧,却已非彼之心了。于是将多出来的那一部分刨出来,写成文字给感兴趣的人看,也是给自己一个了却,而在某些时候,这更像是一个刮骨疗伤、自我治愈的过程。

自从我第一本书《从野性到感性:山鹰观鸟记》于2018年8月出版以来,什么时候出第二本书就成了我经常被问到的一个问题。然而这种小众的书通常一年卖不了几百本,我哪里还敢奢求能继续出版?然而,承蒙上海科学技术出版社领导和唐继荣编辑的厚爱,我没有理由让剩下的几十万字的观鸟笔记继续躺在电脑里睡大觉,所以又挑出一部分来与大家分享。希望大家依然能够喜欢,如此,我就可以考虑出第三本了!

《从野性到感性:山鹰观鸟记》的内容按照城市、山林、湖海、旷野来分类,《飞悦四季:山鹰观鸟记Ⅱ》则按照大家更熟悉的春夏秋冬来挑选文章。四季轮回,相似却又不同。精彩与否,全看你自己怎么去对待了。鸟儿飞过四季,我作为观鸟者,追寻着它们的踪影,其实,何尝不是在追寻自己的生活……

本书与第一本还有一点不同,就是在很多文章中对"鸟人"(观鸟者)的描写占据了更多的篇幅。我希望通过对观鸟者这个群体一些速写式的描绘,让大家能更好地理解"观鸟就是观世界,观鸟就是观人生"这句话。同时,我也希望通过发生在他们身上的故事,粗略地展现一下当前在中国正在发生的一场重要变革,那就是环保理念的逐步兴盛。

本书在版面设计上也做了改进,相对更大和更多的图片会给读者带来更好的阅读体验。

本书涉及的283种及亚种鸟类的名称和分类主要参考《中国观鸟年报"中国鸟类名录"6.0(2018)》。

如果说我确实是"懂得玩"的人,我想,那是因为在我心底,类似于观鸟、博物旅行这样的"玩",不仅是自己的事情,而且是一场与更多的人持续不断的互动,是一次又一次与众人一道,不断积攒微小努力,将这个世界变得更加美好的过程。唯有如此,所有的历程才会更精彩。

亲爱的读者朋友,在观鸟的人生旅途中,我随时期待与你相会!

2019年2月4日　立春

目 录

前　言

春之篇　001

厦门大学——人间四月鸟影浓　003
厦门杉际内林场——寻花探鸟雾隐春　007
福州森林公园——春是热闹的相逢　011
遵义宽阔水——烟湿春雨百鸟飞　016
康定、新都桥和帕姆岭——料峭春寒闯川西　022

夏之篇　039

都江堰青城后山——我是夏日孩子王　041
成都西岭雪山——盛夏幸有清凉地　043
阿坝若尔盖嘎哇村——藏寨八月马鸡飞　051
福州闽江口——海上炎风仙鸟来　061
漳州南靖虎伯寮——避暑观鸟欢乐多　066
银川贺兰山苏峪口——山高谷深藏暑雀　073
婺源石门村——江洲夏日迎雀舞　077
临夏莲花山——木蔚草滋夏正好　082

秋之篇　097

广州白云山——朝气蓬勃龙老太　099
广州从化溪头村——南国秋色亦撩人　103
秦皇岛游记——渤海秋风迎鼓翼　110
葫芦岛绥中——河床水落秋鸟来　117
盘锦红海滩——鹤舞夕阳海天红　123
大连老铁山——别时秋风长相送　129
北海游记——"愁"字实乃心上秋　137
屏东垦丁——秋风怒海鹰柱起　151

冬之篇　155

厦门大嶝岛——重逢大约在冬季　157
常熟尚湖——湖上逐鸟冷风狂　160
绵阳王朗——空山雪落惊飞鸟　165
阿坝九寨沟——雪舞缤纷山雀鸣　174
南昌鄱阳湖——踏遍湿地寻白鹤　187

鸟类名称索引　199

春之篇

"一年之计在于春。"对绝大多数鸟类而言,春天是繁殖的季节,中国各地的冬候鸟逐渐北飞前往繁殖地,并在一路上留下倩影。所以即便是在家门口,每逢此时,都有机会遇到其他季节难以看见的"过境鸟"。当然不能错过这个观察它们的大好时机了!另外,别忘了中国国土面积如此广大,当东北覆盖着皑皑白雪的时候,海南岛却很可能骄阳似火一如夏季。

同样,由于海拔的不同和一些独特的小气候,往往"人间四月芳菲尽,山寺桃花始盛开"。所以本篇挑选的文章主要根据观鸟时当地的气候条件,而不是严格的节气意义上的春季。

对于一些常年生活在某处的留鸟而言,春季同样是它们繁衍后代的主要季节。从忙于筑巢到勤于育雏,这个时期的这些鸟类忙忙碌碌,显得非常活跃,无形中增加了我们在野外观察到它们的机会。所以春季观鸟,往往较其他季节更容易一些。不过在这个时候,我们也需要特别注意在观鸟的同时避免打搅它们——妨碍鸟儿养育下一代可不是一个喜欢亲近自然的人该做的事情!

伏生紫堇

厦门大学
——人间四月鸟影浓

> 对这帮人而言
> 鸟儿就是他们的爱
> 就是他们的"人间四月天"

听说厦门大学（以下简称"厦大"）来了白腹蓝鹟和寿带，我拿上望远镜就出门了。

都是早已见过多次的鸟儿，却终是敌不过那份诱惑。这种诱惑的力量或许是源于当年第一次遇到它们的时候便已萌生的诸多爱意。爱如种子，深埋心田，如今4月微醺的春风自海上而来，唤醒了它，催生着它，逼迫我的脚步也越发地急促。

可惜还是赶不上寿带急急北去的心——它已经飞走了。白腹蓝鹟也只看到雌鸟。或许很多人觉得它黯淡无光，我却喜欢。它静静地站在竹枝上，歪着脑袋盯着我们，大大的眼睛闪着好奇的光芒。须臾，确定我并无恶意，这只白腹蓝鹟便随着蚊蚋飞舞，大快朵颐。吃饱之后，它又静静地寻根竹枝站立着，高昂着头，耸直身子，像个严肃的贵族，却又忍不住带着一丝顽皮的神情，让我想起电影《罗马假日》里的奥黛丽·赫本。

现在是4月，很多本地留鸟正忙着育雏。为了填饱巢里雏鸟们的大胃口，到处都是成鸟们忙碌的身影。有些早成的幼鸟已经开始跟着父母练习飞翔和捕食，但羽毛还没有完全长好的它们飞行的姿势不免有些笨拙，甚至在试图落定枝头时还会滑上那么几下，让人看得好生担心。我忍

黄眉姬鹟（WINE 摄）

不住问自己一个问题："如果有一天上苍真的给我一双翅膀，我能有那份勇敢去飞翔么？"我不清楚答案，但我可以肯定的是，在父母的殷勤照顾之下，幼鸟们终能学会迎风展翅，来去从容。

  黄眉姬鹟是今天的明星。虽然早些天便有了它们的先头部队，这几日却是好几只连番登场。从羽色上看，不同个体间的差异相当明显，有的头部灰中藏绿，有的墨若乌漆；胸口么，既有黄澄澄的如夏季的落日，也有金灿灿的似秋日的银杏叶。这倒是提供了一个很好的观察训练素材。很多接触观鸟不久的人，总觉得拍到了照片才算是看到了，鸟类摄影才有乐趣，其实不然。鸟类摄影必须将注意力高度集中在鸟的瞬间动作上，而观鸟所需的角度、视野、思考内容广泛得多，感受自然也会多很多，亦更有趣味。

  红尾歌鸲还没有离开，看来小竹林里的蚊子数量尽管让我十分苦恼，却令它相当满意，甚至有些流连忘返。蓝歌鸲在林下来回蹿，看都看不清，但肯定不会看错，因为它那平滑的身形和独特的色彩早在2008年的那个春天里就给我留下了无比深刻的印象。那一天它可是大明星，几乎所有在厦门的鸟友都赶过来争相目睹这个首次在厦门被发现的蓝精灵。在厦大这栋鲁迅先生曾经执教过的教学楼前,原本静静的长石阶旁,一时间人声鼎沸。

今天这里只有我一个人。我站在石阶上,看见一株老树断了根大枝干,好在树还活着,并未因此而凋亡。近来春雨不断,大枝干断开处形成的凹槽积了不少雨水,成了谨慎的白眉鸫最佳的饮水点——高高在上,且无人打搅。这只白眉鸫胸口和胁部的色彩很淡,远看时险些让我误会成白腹鸫。从个体差异上推断,前些日子里看到的白腹鸫、乌灰鸫应该都走了,今天看到的鸫类貌似刚刚从南方迁徙过来。

几只乌鸫彼此打得不可开交,不过仔细观战之后,就知道它们不过是样子装得凶:一通近距离扑腾,叫得惨烈不已,却连爪子都没碰到一起,与黑卷尾们抢地盘时打得羽飞毛散的战斗场面相比,完全不是一个级别。

噪鹃还在高枝上不停地叫。它也不学学红嘴蓝鹊——人家孩子都能自己飞了,它却连老婆还没有找到!

叫吧!还能怎样?好在春天还没结束。

其实和鸟儿一样,春天里鸟人们也都兴奋着。偌大的校园里,散落着不少观鸟者,大家走着走着就遇见了。没什么鸟看的时候,他们就聚在阳光下高兴地聊着天,说着各种"鸟事"。不知道一旁开的花儿和头顶上的绿叶,是否会把偷听到的话传给那些鸟儿,告诉它们:对这帮人而言,鸟儿就是他们的爱,就是他们的"人间四月天"。

雾气笼罩的杉际内林场

厦门杉际内林场
——寻花探鸟雾隐春

> 黄雀在我们头顶的树梢上
> 悄无声息地觅食
> 雾气中看不清它们的花纹和色彩
> 却看得见它们在忙碌

第一次在雾里观鸟。

这实在是没法子的事。鸟友"林子大了"来厦门,总共两天的时间,却没赶上好天气。第一天陪他去鼓浪屿,结果大雨倾盆,啥也没看到。想着雨雾天进山或许还能遇到环颈雉(雉鸡)和白鹇,没准还能冒出个白眉山鹧鸪啥的,所以第二天早早地6点钟就来到杉际内林场。

数年前的一个夏季,鸟友"上尉""岩鹭"、菲菲和我在杉际内做鸟类调查,几乎一无所获,随后这个地方就一直没什么人提起。不久前因为厦大绿野观鸟小组的同学们偶然"闯入",意外地发现此处冬季鸟况堪称厦门最佳,一时间成了大热门,每周都有很多厦门鸟友前往。

可是今日大雾迷茫。

我们默默地往里走,在每一个转弯之处都期待遇到惊喜,然而雉鸡类的鸟儿悠闲地在马路上散步的场景只出现在我们的幻觉中。十米开外便是乳白色的世界,能听见远东山雀、栗背短脚鹎在耳畔叫几声"洗漱洗"和"弟弟乖"就很不错了。

听得久了,忽然觉得这一唱一和,分明是两个姐姐在劝淘气的弟弟乖乖洗脸！这让我想起自己小时候生活在大院时的情形：每每冬季早晨，家家户户将炉子上刚刚烧开的热水倒进脸盆里，再兑上一瓢冷水，一家人围着脸盆架子洗脸；毛巾上热气蒸升，感觉生活热乎乎的，温暖极了！

山里的雾无法带来温暖，只会遇冷凝结，却意外地把满世界的蜘蛛网变成了一道道漂亮的"珍珠门帘"，森林看上去顿时奢华无比。然而蜘蛛们大约并不喜欢这份奢华——蛛网夺目到令人叹为观止，只怕蚊虫们也会敬而远之——住豪宅饿肚皮可不是理性的选择！

除了闪亮的"珍珠"，还有另一种耀眼的火花在林间不断绽放，那便是杜鹃花。红的似火舌卷过悬崖，紫的仿佛是散落在林中的紫水晶，白的干脆如雪团覆盖大地——周遭原本自觉带着仙气的山雾与之相比竟然显得灰厌不堪，沮丧地被这份明丽、干净和纯粹给逼散了。

于是，淡眉雀鹛穿过迷雾来与我们对视。这个小家伙的好奇心特别重，瞪着大眼睛、斜头歪脑、左右打量人的模样总是令人忍俊不禁。今日别无他鸟，我们有充足的时间与它玩一场"看谁先闭眼"的游戏。没想到它一转身撇下我们，跟着一只唱着歌儿路过的雌鸟飞走了。也是，正值春

淡眉雀鹛（WINE 摄）

深,它哪有心思搭理我们这些毫无价值的人类嘛？！

不仅仅是杜鹃花，深山里的含笑也正开着。被雾水浸透的花香需要凑近了才能闻到，却比平素更加浓郁。深深地吸一口带着一点点凝滞的青苹果味的芬芳，春天就在你的肺腑里疯狂地滋长。数不清的韩信草托着紫色的小花簇在路边聚会，一朵接一朵张着小嘴喊你快点俯下身子听它们唱歌。

真的有歌声！节奏悠扬婉转，音阶悦耳多变，反反复复，忽近忽远，而且有问有答。是白喉短翅鸫！

白喉短翅鸫虽然广布于我国南方，可素来难得一见——或许唯有密林深处才会给它们安全感。它们不肯在荒地上行走，也极少飞上视野开阔的枝头。"林子大了"说："咱等等呗，我还没见过呢！"换作平时我肯定说算了——何必浪费时间呢？！可今日大雾，别的鸟儿反正也看不着，那就等等吧。

那歌声从白雾浮动的沟壑中传来，不久后扶摇直上，旋即飘到我们眼前的林子里。它越近，我们的企盼便越高。"理性"这个"小妖孽"在脑海里起哄："没戏！没戏！"但我们眼前的望远镜却始终不肯拿开。然后，就那么两秒钟，一个"长脚小卤蛋"从一片树叶后钻了出来。它跳到一根细枝上，摆摆头的同时尾巴跟着左右甩了两下，露出白白的屁股，眼睛上方的短眉甚粗，亦是白的，好似唐代美人的妆饰。再一跳，没了！

是只雌鸟。2008年我曾在广州白云山看过一次雄鸟，模样差不多，不过不是咖啡色，而是幽深的蓝，白眉毛更细致些，自然更漂亮。既然喜欢藏身密林，雄鸟还有必要那么艳丽么？在想出这个问题的瞬间，我就意识到自己的愚蠢——对我们人类来讲那是密林，是深不可测之地，对鸟儿却是无限广袤的舞台啊！怎么可以拒绝美艳？

我们继续走往森林深处。偶尔一抬头，铺天盖地、层层叠叠、深深浅浅的全都是在雾里化开的绿，众人瞬间就醉了。

一群黄雀在我们头顶的树梢上悄无声息地觅食，雾气中看不清它们的花纹和色彩，却看得见它们在忙碌。在这春天的山林里，我们几个才是真正的闲人。

所以，若说是"胸有丘壑自怡情"，这雾中巡山探花观鸟的我们，实乃"一丘一壑总关情"。当天在山里我们还遇见一只厦门少见的斜带缺尾蚬蝶，每当我俯身拍它的时候，总会拍到对面也在拍它的人。

后记：此篇观鸟行记写好后，忍不住拟古一首，以作纪念。

高朋山径来，蝶影乱素衣。
新绿带烟浮，残红随雨密。
莺啼珠帘动，花开暗香袭。
但求林中客，一曲石上溪。

福州森林公园
——春是热闹的相逢

当我们忘情于山水
纵情在花鸟之际
其实,我们是在寻找真实的自己

城边一座山,山间一鸣涧。

正值春娇花媚、燕舞莺啼之际,我们自远方而来。青山无语,唯有用巨大而深沉的静默将我们紧紧拥抱,然后又轻声细语地在我们的耳畔呢喃。她要告诉我们那众多的秘密花园所在——哪里的花儿迎着煦日开得芳香美艳,哪里的鹧鸪在黎明时的啼唱最婉转动人……

樱花林里没有了一个月前人山人海的热闹劲头。早春的花儿已谢,没了灿若云霞的山樱花,不仅寻常游客懒得踏入此地,而且叉尾太阳鸟、橙腹叶鹎等以花蜜为食的漂亮鸟儿们也不愿在此浪费光阴,当初从全国各地蜂拥而至的鸟类摄影爱好者们自然也都散了。

可是我们还是来了!观鸟这么多年,早已过了只喜欢所谓"漂亮"鸟儿的阶段。没了在花间闪着金属光辉的叉尾太阳鸟和打翻了调色板一般的橙腹叶鹎,我们看到了林下那只浑身只有黄和黑、胸口挂满了新月纹的怀氏虎鸫。它呆呆地,表情凝重,忽然俯下身子向前猛冲几步。众人皆笑其行走姿态滑稽,它却顿住,复又抬头凝望,旁若无人。我竟然有些感动,仿佛看见那些"愚者"的身影,不在乎周遭异样的目光,做着自己想做的事情,直到那关键的一刻。正如眼前的怀氏虎鸫,它猛地啄起地上的小甲

怀氏虎鸫（WINE 摄）

虫，一口吞下。然后，它看了看我们，微微侧着脑袋，嘴角闪过一丝得意的微笑。

樱花林边的宋代驿道上，石阶已有些碎乱。我们缓行其上，且行且观鸟。脚下体察到古人的不易，心底觉出现今的好。

如果我是古时候的一介书生，骑马路过此地，不时地用手中的书简拨开面前横过来的杜鹃花枝。想必此等情致之下，吟诗作赋这等风雅之事实乃水到渠成。如果我是那一介书生，林间飘过的橙与红交错的"罗帕"会不会被我当作是《聊斋志异》里妖精们的召唤？这些妖精美丽善良，因对世间有深沉的爱，才不惜变成人类。

"罗帕"是在林间飞过的红头咬鹃。它的出现如石落静潭，在众人心中引起的何止一番涟漪——分明还有抑制不住的骚动。只可惜，红头咬鹃不是美丽的妖精，凑近了看，停在树枝上的它分明像动画片里那个"骄傲的将军"*——穿着红袍，腆着肚子，噘着嘴，目空一切、不可一世。等它忽然飞起来，形象转瞬就变成后花园里忙着给儿女扑蝶逗乐的中年慈祥老爸。只是它身子已经发福，跳跃腾挪间那件朱红棉袄已经有点绷不

---

* 国产动画片《骄傲的将军》于1956年由上海电影制片厂出品，并由著名漫画家华君武先生任编剧。

住了。

　　林子里还有黑领噪鹛。隔着杂乱的细枝条,你需要一双明察秋毫的眼睛才能留意到那黑领之上还有一抹出挑的灰蓝色。它们成群结队,是在丛林下层流浪的"吉普赛人",看上去聒噪、彪悍,随意用灶底的黑灰就在脸上涂抹出一道道花纹。然而,等它们冷不防地唱上一曲相思咏叹调,你才发现,这是何等地心旷神怡!

　　韩信草和伏生紫堇沿着驿道蔓成一片,像一抹暮色落在地面。凑近了看,一株株皆是精巧无比的春之奇迹。它们都是紫色的,都是管状的,都是一簇簇的。韩信草朝着天空绽放,伏生紫堇则面向大地微笑。千百年来,它们熏香过这驿路上多少笃笃有声的马蹄?

　　缀满"红宝石"的麝凤蝶一定知道答案。它们是春的舞娘,在这些被某些人视为毒物的花丛中跳得不知疲倦。其实人们也曾用这些野草入药。然而,"以毒攻毒"究竟是中医的谬误还是的确蕴含着相生相克的道理,我不敢轻易断言。这些年越来越深入的自然观察让我懂得,世间万物演化至今,彼此间宛如一张密切联系的网,自有其存在的位置与价值。而我们人类,虽自称"万灵之长",尚不能穷其奥秘。唯有永恒的探索和审慎的谦逊,才可勉强对得起这"灵长"二字。

　　走在山谷里,流水的潺潺掩不住灰背燕尾尖锐的歌声。崎岖湿滑、被人视为畏途的溪谷正是它们谈情说爱的理想之处。修长的尾羽飘起来,刺破寂寥的口哨吹起来,一切都是为了爱情。因为爱情,它们不在意我们的眼光;因为爱情,它们追逐闪躲间带着令人沸腾的欢乐。有时候雄鸟会突然想起忘了带上礼物,急匆匆返回去又飞来,嘴里叼着一只小小的昆虫,殷勤地继续将好戏演完。

　　身在山中,自然觉得山之伟岸高大。抬起头,感觉山谷似乎正用力地吞噬着天空。然而空中徐徐盘旋的蛇雕想必对我的观点不屑一顾。不仅仅是蛇雕,凤头鹰和鹰雕也统统不会同意我的观点——它们是天空中的王者,在掠风而过的双翼之下,山峦不过是大地的几道褶皱,如何吞天?

　　我常常试图用自己的想象力去与这些猛禽共舞——乘着那股温暖的上升气流,将山林里的一举一动都尽收眼底:哪里的映山红花开如火?哪

灰背燕尾

里的春笋长势喜人?小麂跑过哪条山径?白云停在哪片松林?你唯有超越自己所处的环境,才能将一切真正看得清楚。实际上,眼前的一块石碑上也刻着"不能了自心,云何知正道"。

"了"——既可能是"了解",也可能是"了却"。无论作哪一种意思去理解,真正的"了"都建立在"自知"的基础上。不脱离受外物约束的自我,就无法知晓内在的本我。所以,当我们忘情于山水,纵情在花鸟之际,其实,我们是在寻找真实的自己,并试图超越,以成为那些能够真正看清这个世界的人。

我们没有继续前行,而是选择在这摩崖石刻边的亭子里,静静地,看山风生出翅膀,听流水唱出欢歌。

春日和煦,抱在怀里,藏进心底。

橙腹叶鹎(雌鸟)

遵义宽阔水
——烟湿春雨百鸟飞

> 那是金胸雀鹛
> 它就是森林的欢歌
> 是雨后蘑菇们苏醒后听到的第一声问候

山不高，水深，翠生生地聚成迷人魂魄的一汪清泉，猛然间跌落成瀑，雷鸣十里。凑近了看，免不了心惊胆战，却又由衷地慨叹造物之雄浑大气，令人五体投地。

这便是贵州！山之铮铮铁骨早已被水之柔媚消解得玲珑剔透，或者被那千钧之力冲刷得瘦骨嶙峋，勉强在万千碧树红花间露出一段段苍白之石，宣告着自己曾经的万丈雄心。

我们不为这常人眼底的风景而来，因为在我们眼中，天地之间自有另一种风情万种时时随风轻舞。山与水，云和树，花同溪，都不过是它变幻的背景，任其美妙绝伦，也抢不走主角的风采。

在我们这些人眼底，一树红花似火固然惊艳，又怎能敌得过林间一抹跳动的灿若晚霞的金色？那是金胸雀鹛。它就是森林的欢歌，是雨后蘑菇们苏醒后听到的第一声问候——春季，就这么开始了！

春季的贵州宽阔水国家级自然保护区里，高山草甸、针阔叶混交林简直就是鸟儿们的蜜罐子：不冷不热，食物源源不断。它们家家户户都在忙着育雏——除了翠金鹃。翠金鹃是将蛋下在别人巢穴里的寄生鸟儿，不用自己养育后代，但会每日紧盯着寄养的巢穴，只待那养母倾其精力将幼鸟养到羽翼丰满之日，仅凭几声叫唤，便令儿女认了本亲，振翅带走，空留养父母在空巢里不知"为谁辛苦为谁忙"。

翠金鹃很美，好似生了翅膀的祖母绿。它们等待幼鸟从养父母那里出巢的习性，让这对华丽的鸟儿在这段时间内几乎每天都定格在我们的视野中。雄鸟的翅绿得纯粹，一千只绿孔雀的羽翎荟萃在一起也比不上它；雌鸟绿中泛橙，额头又染了金发，色彩稍淡，却更显俏丽。它们守着子女的未来，在日复一日的等待中收获喜悦，我们则在一次又一次的快门响动中，将惊叹和赞美凝固成瞬间的永恒。

可惜，老天存心与我们过不去。刚觉得鸟儿多到看不过来，雨雾就来了，令我们陷入沮丧，不可遏制的失落随着浓雾的聚散而消长。本盼着雾散了天晴，等来的不过是一场又一场的大雨。湿漉漉的不仅仅是衣裳，更是一众郁郁的心情。

但是，"风雨无阻"并不只是用来"说说而已"的四个字。撑开油布伞，寻不着丁香一样的姑娘，却可以透过开满在身旁的紫色翠雀花，看到山谷上空那略显仓皇的红翅绿鸠；没有悠长的雨巷，在林间小道那头，湿漉漉的树叶背后，正传来金色鸦雀的细声清唱。雨雾掩不住八声杜鹃变

雨中山色

换节奏的歌声、小杜鹃粗糙怪异的喊叫,以及中杜鹃平淡无奇的呻吟,自然也遮不了鹰鹃的嘹亮和噪鹃的高亢。噪鹃冷不丁地一个扑腾就穿破云雾飞到你面前,然后才急急地转身,惊得你和它都是一身的汗。不过,你是惊喜,那冒失的鸟儿恐怕真的是惊着了。

雨水让所有鸟儿的翅膀都显得发沉,在身边飞过的时候毫无例外地呼呼作响。就连棕褐短翅莺这种不到成人半个手掌大的鸟儿在身边飞过,也让人觉得陷入了一个战斗机群里,再加上它们"哒哒哒哒"机关枪一样的叫声,这绝对是一场"战役",是一场"发现"与"躲藏"之间的奋力角逐。还有高山短翅莺,模样儿与棕褐短翅莺差不多,也是长尾巴的小卤蛋上长了一双圆溜溜的小翅膀,只不过喉部多了几道纵纹。在山顶面积不大的波斯菊丛中,它来来回回、上上下下,压根就没停过。我们手里的望远镜和相机举起又放下,放下再举起,反反复复,终究还是等它自己玩累了,停在枝头略作休憩时,我们这才满意而归。

雨天无风景,雾气却是勾勒山水长卷的最佳素材。当然,这大自然的神来之笔少不了微风的相助。翕合之间,浓淡几重;飘忽不定的是雾气,岿然不动的是山,而真正喜悦随风的其实是我们这些山间看客的心。

持续的雨雾让人倦怠,可总有一些东西能够重新点燃已近乎灰烬的希望,最好的莫过于赤尾噪鹛了——唯有它拥有火种,耀眼得仿佛当空的烈日。它们横穿山林的小路,用翅膀上璀璨的霞红驱散已经渗透在众人心底的湿气。我们原本湿漉漉的心情被这眼前的赤红烘烤得重获新生,如生了双翼,瞬间就飞得高高的,人人喜上眉梢。

入夜,蛙儿们狂欢的时间到了。它们此起彼伏的大合唱吵得人不得安宁,可只要你一走近,瞬间变得万籁俱寂,任你打着手电筒、寻得眼冒金星也搜不到一只。终究是耐心敌不过我们,有一只蛙忍不住叫了一声,于是它这下没法逃遁了,全成了我们镜头下的模特。这只绿背黄腹纹腿的华西树蟾艳惊四座,而身背金线的中华大蟾蜍搞不懂为什么这帮人对它毫不畏惧,不到3厘米的福建掌突蟾干脆对我们"张牙舞爪"表示不满。算了,不打搅你们疯狂的夜生活了,我们还是去找各式各样的"妖蛾子"吧!

华西树蟾

  路灯下的墙壁上停满了各式各样的蛾子——色泽美艳的有之，黯淡者亦不在少数；有些体巨如人掌，有的小似指甲盖。在质地如丝绢、天鹅绒、蝉翼的翅膀上，纹饰更让人眼花缭乱。

  我们看蛾子看得开心，想拍好却不易，而思阳老弟忙着给众人做技术指导。这位年方20却已成名的生态摄影师，被众人的手忙脚乱给郁闷得恨不得抢过相机直接替我们拍完得了。有了这位高人的指点，再遇到"夜游郎"时，大家纷纷撅着屁股趴在地上给葬甲来个特写，或者给笋蛭涡虫上个"定妆照"啥的。至于衣服上厚重的苔痕，还有湿漉漉的水渍，全都不重要了。

  晚上没法入睡，因为这是全国鸟友汇聚一堂。新朋老友有说不完的趣话、谈不完的鸟事。此番来贵州，是因为朱雀会*成立一事。来贵州之前，有人曾经问过我："既然各地都有自己的鸟会，朱雀会存在的意义在哪里？"看着眼前这一张张来自四面八方、热情洋溢的笑脸汇聚一堂，这意义还用说么？我观鸟十多年，究其根本，就两个词四个字——"快乐""分享"。你也可以将它们合成一个词组——"分享快乐"。无论是调查，还是宣传保育，不都基于此么？分享的对象或有不同，快乐却是永恒的本质。

  鸟人们大多看着年轻——或许是相由心生吧！

---

* 朱雀会是全国性观鸟组织"鸟类与生态保育联合行动平台"的别称。该会的组织者旨在打造一个组织或协调开展全国性观鸟活动的平台，在2014年正式登记注册。

笄蛭涡虫

  写了这么多,不该忘了最早在宽阔水国家级自然保护区迎接我们的鸟儿——红腹锦鸡。那天为了做生态调查,保护区的工作人员借了森林消防部门的车将我们拉上山。途经巨石相峙而成的一线天时,在葱郁树木掩映的山路上,或许是看不惯这辆橘红色的吉普车一路招摇,那只红腹锦鸡顶着金冠、披着朱袍、挂着橘穗、拖着霞尾,昂着头、挺着胸、踱着步,带领一众妻妾出现在我们面前,如闲庭信步。

  这只雄性成年红腹锦鸡目光如炬。你若仔细看就会懂得,那并非它宣示领地的霸气,而是一种由内而外的自信和舍我其谁的得意洋洋。我曾见过无数张依靠投食诱拍得来的红腹锦鸡的照片,虽然那些照片里的鸟儿也是野生的,然而精气神与我们相遇的这只比起来,简直是委顿不堪。毕竟,吃了嗟来之食,又哪来真正的傲骨长存?

  因为天气的缘故,众人在这家保护区里并没有看到太多的鸟种,也未能欣赏到湖光山色的美景。即便我穿过密林,沿着开满水晶凤仙花的小路登上太阳山山顶,贴着月亮湖畔、顺着黑痣疣螈爬过的水坑和滋生众多菌蕈的朽木,淌过潺潺溪水惊起白冠燕尾的双翅,一路上收获了太多小小的惊喜,也未能一窥这山水的全貌和探得这林中深处的秘密。

  你听,那红腹角雉节奏分明的叫声,究竟是一场期待与我们相逢的呼唤,还是一次充满遗憾的盛情挽留?

  我不清楚,也不想弄清楚。毕竟在这个春天,我们已经来过。

红腹锦鸡（雄鸟）

康定、新都桥和帕姆岭
——料峭春寒闯川西

> 我追寻着它的双翅
> 将这一路辛劳都化成喜悦
> 步履轻盈,心与落霞齐飞

白马扎西盯着前方积满白雪的山路,眼睛很亮,手里的方向盘灵活而稳健,嘴里不时地用拖长的腔调唱着六字真言*。他的微笑醇和,唇角略带一点风趣的斜翘。当我们抱怨这帕姆岭上齐膝深的大雪带来的不便时,白马扎西淡淡地说:"正因为如此,你才会记得这里。而且有一天,这里的美丽会超过那些不好的东西,留在你心底。"

起先我并不太明白白马扎西后一句话的意思,但等到第二天我们在海拔4 200米的折多山垭口再度被困一天,直到深夜2点多才拖着疲惫不堪的身体回到成都之后,是夜,梦里没有那无尽拥堵的烦恼,只有绵延不绝的雪域高原、突兀峻挺的奇峡险峰以及如梦似幻的流云迷雾。我忽然了悟白马扎西的话,然后,在成都难得一见的阳光中彻底醒来。

如果只说观鸟,这趟旅行基本是失败的:原计划增加20种个人目击新纪录,结果连一半的目标都没有完成——数十年不遇的一场大规模春雪让我们在帕姆岭几无收获,而路途拥堵也让我们被迫取消前往瓦屋山观鸟的行程。如果只说风景,此行除了在高尔寺山看到白雪皑皑、绵延百

---

* 六字真言,指藏传佛教的"唵嘛呢叭咪吽"。

里的雅拉雪山和在黑石山上与高高在上如擎天之柱的"蜀山之王"贡嘎山遥遥相望,即便是在有着"摄影家天堂"之称的新都桥镇,这时节也不过是荒芜一片,流水孤寂——早春料峭的身影隐藏在杨树的枝头和闲置的农田间,你需要极为仔细地搜寻才能看见。

那么,此行究竟收获了什么?

康　　定

那日初到康定。这个情歌缭绕的山城有着高原特有的明媚和水岸垂柳新绿的妩媚。冰川融化的雪水滋养出康巴女儿清亮的歌喉,寺院的金顶映出康巴汉子爽朗的笑容。二道桥温泉给予我们身体温暖的呵护,精致玲珑、桃花掩映的金刚寺和佛像高耸、僧多尼众的南无寺则让我们获得内心的安宁。

从金刚寺到南无寺的山间小路上,参天古树上的松萝与五色经幡在峡谷的风中一同轻摆。雪山是遥远的背景,跑马山山顶上盘旋的高山兀

冷杉与松萝

鹫与我们几乎形影不离,灰背伯劳的叫声在嘶哑中带着凌厉,那些辨认不出来的柳莺倒都是唱小曲的高手。还有其他各色小鸟——白领凤鹛戴着雪狐围脖,方尾鹟俏丽的绿衣裳似春神寄来的信笺,白眉山雀可爱得想让人团在手心细细呵护,还有黑头白脸灰肚皮却翘着红屁股的黑冠山雀,以及让人想起"橘子红了"的灰头灰雀等。它们就像这里的朝拜者,络绎不绝。

同行的陈哥因为身体不适回房休息,我继续去二道桥温泉那边看看是否能有新的发现,却不经意间走上了号称"鸡窝"的金矿大道。在这里,白腹锦鸡来回窜得我都不好意思继续走,生怕打搅了它们在春天里爱的热舞。遇到放学归来的小学生们,山路崎岖并不能将笑容从这些孩子们的脸上抹去。他们告诉我这里经常能看到"金雀",那是绿背山雀胸脯过于明亮的黄绿色,还有长尾山椒鸟雌鸟如金子一般的翼斑。

当地一个藏族大婶看到我手里的望远镜,主动招呼我过去看她家门前的那些小鸟,橙胸姬鹟、棕腹柳莺等正在地上轻松自在地觅食歌唱。告别了大婶温厚的笑容,我沿着河道一路往回走,河谷山崖间不时蹿动的鸟影随着落日西斜渐渐稀疏。山上层层排排的人工林和混杂凌乱的次生林如今渐成水乳交融之势。然而,不同树种对气候敏感度的差异让人工林显得那么突兀,整齐划一的色彩如山峦脸上的抓痕,有种残酷的美。

我还是喜欢更自然的东西,哪怕是看上去平淡无奇的小灰山椒鸟。它那灰兮兮的身段、略带粉红色的小蛮腰,是对夕阳娇软无力的回应。我追寻着它的双翅,将这一路辛劳都化成终于加新的喜悦,步履轻盈,心与落霞齐飞。

4月的康定,夜雨缠绵。翌日一早,又晴空万里,天蓝得晃眼,雪山就像自己跑到你眼面前一般,让人着实兴奋。带着这股兴奋劲,我们忘记了身体的不适,直奔新都桥镇,欲上帕姆岭。

高 尔 寺 山

康定是藏汉文化传统的交汇点,康定往西便是折多山。高高的折多山让汉族人惯用的马匹寸步难行,却是牦牛漫步的天堂。如今这里是318

白腹锦鸡（雄鸟）（林子大了 摄）

国道上的要地，汉藏交融甚多，而对旅行者而言，在这里既可体验不同的文化差异，又并不会觉得有什么不便，是相当好的去处。

折多山上弯折多，我们还停留在为一路看到的雪山欢呼惊叹之中，汽车绕着绕着就到了海拔4 000米以上的垭口。在寒风中，白塔静默无言，经幡猎猎作响，不知道是何年何月何人修、何人挂。天空的蓝带着高原透彻的明丽，偶尔有几朵白云被那呼啸的风用力推搡，不断变幻着模样擦过众人头顶。白雪掩盖了绝大多数的山地，但你若仔细寻找，在那些雪融之地，小若米粒的紫色报春花已经紧贴着褐色的大地绽放。尽管小得可怜，少得让人忽视，但毕竟春天已经在和高原说"您好"了。

翻过折多山后，海拔并不会降低太多，一直在3 000米左右。但雪没了，山势也比较缓和。宽阔的河谷间，堆满鹅卵石的河床半裸露着，河流泛着耀眼的金光蜿蜒而过。星星点点的藏寨依河而建，偶尔有建在山坡上的，仿佛一座座小小的城堡，欲将整个山谷都纳入怀抱。

河边路旁、房前屋后，大多栽有杨树；高高大大的，此时正发着芽。杨树芽是红色的，相比其他树芽娇嫩的绿色，它显得更有张力，更能够表达高原上那漫长隆冬所孕育出的带有极度生长渴望的生命力。大嘴乌鸦是这里最容易见到的鸟儿,这种因叫声难听而被某些汉族人视为晦气的鸟儿,由于具有清理尸体的能力,在藏区却被奉若神鸟——文化差异之大其实只要看看地理环境的迥异就不难理解了。

　　陈哥并不适应高原,在康定就已经有些发烧,后来吃药休息稍微好了点。到了新都桥镇,我们也不敢贸然就上帕姆岭,决定先住一晚、观察一下再说。当晚我们在新都桥镇桥头的一家宾馆入住——说是"宾馆"其实是农家乐,不过很干净,主人家住一楼,客房在二楼。推开窗,面前赫然一座雪山,美丽的女主人告诉我们那就是"蜀山之王"——贡嘎山。

　　这完全出乎我们的意料。原本此行的主要目的,除了观鸟就是能够远远地看一眼贡嘎山,后来因为陈哥身体的缘故,我们已经决定放弃后者,没想到就这样在不经意间就朝觐了他的伟岸神姿。他是天地间雷削电劈出的巨石,蓝天是他顶起的华盖,白云就是那华盖上飞动的装饰。

新都桥镇的垭口

我们在宾馆主人的建议下约好车,准备去高尔寺山顶仔仔细细地看雅拉雪山和贡嘎山的全貌。然而就在吃顿午饭的功夫,天上的云已明显多了起来。司机很着急,说这下只怕看不到贡嘎山的山顶了。他加大油门,我们在山间盘旋上升,路旁的峡谷深不可测,让我不敢久视窗外。可那无与伦比的壮阔又令人欲罢不能地想要去张望,就这样在惊恐与惊叹之间摇摆,直到一个转弯之后,车稳稳地定住,雅拉雪山在我们前方一字横开,绵延百里。

　　白雪皑皑的山峰恰似数十位身着闪闪银光的铠甲武士,簇拥着宛若王冠的雅拉主峰。这座藏区的四大神山之一海拔不到6 000米,却有着令人难以置信的雍容大气——他环臂拥抱大地,如仁慈而宽厚的君主永远亲泽着他的臣民。或许是神山赐予的力量,陈哥的高原反应消失了。我们在司机的带领下绕到黑石山,但那边已经没有路,需要在高原上步行翻过一个缓坡。在海拔超过4 000米的地方行走是很费力的,何况高原湿地在这个季节已经有些泥泞不堪。天上不断增涌的乌云催促我们加快脚步,脚下低矮却美丽异常的各色报春花和点地梅仿佛在为我们加油。

　　终于,眼前再也没有什么可以遮挡我们,除了那远处高耸的贡嘎山。可惜乌云已经吞噬了山顶,阳光只展现了他金色的腰带。俄而,四周长风大起,雪从云中如雨般落在远处的山峦之上。那情景让我想起海上的风暴:天像一个锅盖,中间明亮异常,越发地衬托出雨丝的乌黑,犹如黑魔法的袍子,意图死死地笼罩大地。

　　此刻的山上,只有我们三个人。司机躺在地上,仿佛这风雪欲来的天气不过是场春日细雨不值得在意。我和陈哥对着雪山站着发愣,不知该如何表达心中的那种复杂的情绪——它有着无与伦比的舒畅,却又带着丝丝入微的迷茫;激动与兴奋得想在高原上狂奔乱跑,但又不可名状地无法挪动脚步,害怕那种莽撞是对大自然的亵渎。

　　我忽然理解了这位藏族司机的选择:躺下,放松自己,自然就在身边;躺下,无言,风和山谷的回音会告诉你大自然的一切秘密;躺下,不要多想,我们本就是自然的一分子。

胡兀鹫高高在上。雪山与压顶乌云的映衬让它们显得更加桀骜,不容窥视。

帕姆岭

有时候,人不能太过得意,尤其是当你的面前是一幅天幕低垂、群山来朝的景象时,因为那早已是"不敢高声语,恐惊天上人"的情景。

帕姆岭看上去不高,却没什么人愿意上来,除了喇嘛、信徒和鸟人。其实即便喇嘛,在这个季节仍然只有一位在寺里值守。山顶开阔如平地,古寺却尤显寂寞。这四周的众山都比帕姆岭高,我站在繁花似锦的庙前,眼前山峦叠涌,恰似海上的滔天巨浪翻滚而来,然后,又如那沙滩上的浪花,将威赫万分的咆哮在瞬间化成绕指千回的温柔泡沫——这些泡沫在山坡上漫过的痕迹,便是那些松、柏、冷杉,还有珍珠般散落的高山低矮灌丛共同组成的林线。

雪后帕姆岭

就在刚才，山脚下的村子虽然小得惊人却清晰可见，转眼间，天边乌云涌动，开始时像一群散乱的流浪者，渐渐地却成了声势浩大的集会。在黑石山上远远看到的"飞雪直下三千尺"的场景此刻就在自己的身边毫无征兆地突然上映。不到5分钟，那雪已经纷纷扬扬地下得大地白茫茫一片。生长在闽南、从未见过下大雪的陈哥振臂欢呼"让雪下得更大些吧！"我想冲上去堵住他的嘴巴，可惜他话已出口，来不及了。

一夜的寒风让我在屋子里都不得不戴着帽子睡觉。很早就醒来，因为根本没睡着——两个大男人和衣挤在一张硬邦邦、冷冰冰、狭窄的床（如果那也算是床的话）上！窗户的玻璃是破的，炉子的火早已灭了，屋外下雪的"扑扑"声听起来清晰可辨！很冷，干脆起床穿上所有的衣服，推开门。然后，眼前的景象让我惊呆了！

所有的一切都陷在白雪当中，包括我们的视线——四周那些曾经涌动如浪涛的山峦此刻全都在白茫茫的浓雾中隐匿不见。更糟糕的是，尽管屋顶的雪至少有20厘米厚了，这下得5米外不辨人形的大雪依然丝毫没有停下来的意思。一脚迈出去，雪就没到了膝盖下方。欲哭无泪之后我们只好泰然处之。于是，吃着半生不熟的稀饭，喝着腻到反胃的酥油茶——活着，在此刻已经是个不错的状态了！

但是，我们是鸟人，是为了那些美丽的精灵才到此与孤独的大山结缘一回的鸟人，所以山神借着风雪送来他的礼物——一只黄喉雉鹑就这样深一脚浅一脚地在雪地中慢慢地踱步到我们的屋子前。它见到我们，竟然摇着胖乎乎的身躯向我们走了过来，眼神里似乎充满了乞食的渴望。陈哥发了善心，"指示"我用仅存的两块饼干喂它，而我很"小气地"掰了半块捏碎洒了去，结果碎饼干都陷在雪里。这笨鸟根本找不到！几番搜寻后完全失去耐心的它竖起几根羽冠，原本就红的眼影更加涨红，眼神里带着被欺骗后假装出来的傲慢，鼓胀着黄色的小喉咙，冒出一连串不满的"咕噜咕噜"声，甩了甩肥硕的屁股，摇了摇羽扇子一样的尾巴，在雪地里留下一串爪印，又继续它的觅食之旅。

我知道黄喉雉鹑很罕见，此刻却并无平常观鸟时的那种兴奋，只是觉得它和我们一样，都是被大雪困住的动物。然而实际上，它显然比我们更能够轻松应对眼前的状况。这不,它已经将一丛灌木根部的雪都刨开,享受起从里面挖出的美味了。

我们也深一脚浅一脚地在寺庙周围寻找其他鸟儿的踪迹。要感谢大噪鹛对我们的不离不弃。四处飘零的雪花与它身上密集的斑点相得益彰。有了这种喜欢低头平身、双脚齐跳向前飞蹿、敏捷程度丝毫不输鼠类的大噪鹛,雪地不再寂寥。

还有棕背黑头鸫。当年在郎木寺镇神居大峡谷入口附近的草地上,一群戴着金色眼圈、裹着分段衣衫的棕背黑头鸫三两小聚,闲庭信步。如今在这里,棕背黑头鸫几乎霸占了整座山头,让我们觉得自己是彻头彻尾的闯入者。

在四川高山上几乎遍布的橙翅噪鹛在这里似乎受不了严寒,成了匆匆闪现的过客。白眉朱雀倒不在意风雪,集群而居,嚷嚷着并不整齐的口号,从门前的大松树飞到附近的林间,再到寺庙前的地面,然后又"呼啦啦"一齐冲上大松树。在如雨水般直落的飞雪里,我们所能做的唯有直立

黄喉雉鹑

无语,然后放任目光去追随着鸟儿们风扯大旗一般地遒飞劲舞。

可是,帕姆岭蜚声观鸟界,并不是这几种鸟儿的魅力所致。茫茫山顶,那让人痴迷、诱惑我们至此,并且让我们深深陷入困境的血雉究竟在何方?

陈哥首先看到从山坡的林子里窜出来的黑影。血雉!先是一只、两只,然后更多"插着小旗子"的脑袋冒了出来。即便是朴实无华的雌鸟,深黑色的眼影也掩饰不住那血红的眼神,雄鸟则似被怒春里的柳叶儿裹着的一大朵殷红的桃花。犹如听到冲锋的号角,它们成双入对,在雪地狂奔而至眼前,硬生生地将我们惊呆。我们大气不敢出,生怕惊吓了它们,但这些血雉只是稍稍跑开几步便停了下来,原来我们身边的那片低矮的灌木林正是它们的觅食地。于是乎,你可以一百二十个放心,即便去慢慢地细数它们身上的羽毛也毫无困难,只要你和它们一样不畏严寒。

看过了血雉,偶尔出现的棕胸岩鹨和蓝额红尾鸲就是锦上添花了。这么大冷的天,我们还是躲到屋子里更实在些,反正齐着膝盖深的雪地也走不了几步路。幸运的是屋内也有个五彩的世界——几位年轻的藏族画匠正在为一栋即将竣工的屋子做最后的彩绘。看着那些颜料渐渐地变成佛像生灵、山川屋舍、法器宝物,那位画匠跟我说,他每日里对着这些色彩觉得心底着实开心;他说不出为什么会这样,但就是喜欢。我看着他欢喜里灿烂的笑容,又看了看外面白茫茫的世界,不由自主地想或许我知道答案。

又是一夜风雪紧,而对那天的话后悔不迭的陈哥此刻已经彻底无语了。所幸第三天早晨虽然四周的山峦依然不辨踪影,山顶的雪却停了。于是我们赶紧徒步下山。弯弯的山路两边林海深邃,松萝漫布,白雪被风吹得簌簌而下。出乎我们的意料,下山很容易,只需一步一个脚印走得稳健。两个小时之后,山腰的路面竟然就没积雪了,而从山下开着越野车来的白马扎西已经在路旁等着我们。看到他的时候,一群红交嘴雀恰好飞来,带来这下山途中我们听到的第一声鸟鸣。

然而,帕姆岭,并没有就这样和我们说"再见"……

血雉（雄鸟）(AT 摄)

帕姆岭下的山沟沟

从帕姆岭下来后，村里的人都说村后的山沟沟里鸟儿多。于是我和陈哥把行李放在白马扎西家门口的长凳上，带上鸟类图鉴、望远镜和相机就继续出发。村后有条小河，河岸的坡很陡，除了几株枝条新绿随风轻摆的柳树，都被绿茵茵的矮草占满了；少不了星星点点的花儿，都是小小的，却有着艳媚的紫、娇美的黄和欢快的红。如此春意让我们不禁又抬头看了一眼那高高在上、依旧白茫茫的帕姆岭山顶，忽然间就明白了林徽因当初为什么要写："你是爱，是暖，是希望，你是人间四月天！"

我走在前，而陈哥被他担心不已的妻子的电话拖在后面。接连两天没有音信，他忍不住要向老婆"撒娇卖萌"、绘声绘色地描绘我们被困的场景。就这么点功夫，我已经被眼前一片平地上七跳八窜的红尾鸲们搞得头晕脑涨——太多了，而且都是不同种。北红尾鸲、白喉红尾鸲、黑喉红尾鸲、赭红尾鸲竟然一种都不少，外加棕胸岩鹨抢镜头，更有我不认识的一只柳莺。一块10平方米不到、稀稀拉拉地长着几丛小灌木的平地上,这些漂亮的小不点们走亲戚似的,忙忙碌碌地相逢又匆匆分别,而它们叽叽喳喳的叫声让我想到旧时那些笑声可以绕过好几个胡同、边嗑瓜子边八卦的女人们。小河里的红尾水鸲忍不住了,飞上来凑个热闹。我招呼着陈哥赶紧过来看盛况,可等他煲完电话粥后,已是"连黄花菜都凉了"。

其实不必为他惋惜,因为在那后面的山沟里,这些鸟儿根本就在你眼前随便飞,还多了大个头的白顶溪鸲和艳如妖姬的蓝额红尾鸲。它俩一个头顶白雪,一个戴着蓝丝绒的头巾,醒目着呢!还有蓝眉林鸲,它原本被划分为红胁蓝尾鸲的西南亚种,却因为异常闪亮的羽色被重新定义为独立的鸟种。蓝眉林鸲两道亮眉嵌在海一样深蓝的羽毛上,仿佛凭空出现的闪电。

沟底有一条小溪,两侧的松树挺拔伟岸。裂开的峡谷尽头端坐着一座山,山顶皑皑白雪,正是帕姆岭。潺潺溪水想必源自融雪,摸一下,果然透心地凉。

山坡上的冷杉林很密,林下却没有什么草。地面上窸窸窣窣地有鸫类在跳跃,仔细一看竟然是罕见的长尾地鸫。它的脸上有一道黑色的小月牙,胸口如波似浪的黑色纹路颇有波希米亚风格。至于我们是否喜欢,你觉得它会在乎么?那只跳来跳去的小松鼠几乎快到我们眼前了,但我们都不觉有什么赶紧闪开的必要。倒是忽然间飞来的一只雀鹰追得白鹡鸰那叫一个落荒而逃,竟然还有不怕死的蓝额红尾鸲在后面跟飞看热闹。这只雀鹰可能年纪尚小,抓捕的技巧还欠火候,不过在空中折身返林的收翅动作却已经相当干净利索。等它站回到松枝上,回眸一视,已然霸气隐现。

我喜欢这样的山林,少有人烟,一切都那么自然地在这里呈现,无需任何掩饰,真真切切。

不知道这条沟究竟有多长,从帕姆岭下来的我们并无多少力气和时间去探个究竟。也就走了不到500米,林林总总地就看到了30多种鸟儿。只是除了在沟口一只不认识的柳莺之外,我并没有新的目击鸟种收获。谈不上沮丧,但还是觉得有些遗憾。等我们沿着小溪的另一侧往回走,在

蓝额红尾鸲（林子大了 摄）

即将结束此行的时候，对面坡上一个略显黝黑的小身影跳了一下，瞬间便锁住了我的目光：黑背黑胸黑尾巴、白眉白腹白侧尾翼，还有着血色的喉咙！三种纯粹的颜色界限分明又相得益彰，不是黑胸歌鸲是什么？！收获有此，那山谷上方本是阴沉的天空在我眼底瞬间如盛开的桃花一般明朗起来。至于那只不认识的柳莺，幸亏它距离近到我短镜头也可以记录在案，后经当地鸟友鉴定为棕眉柳莺，亦是我的个人新纪录。

白马扎西帮我们在路边拦了一辆农用车，我们就这样告别了帕姆岭。这里的318国道正在修路，坑坑洼洼的。坐在车上，真的要和帕姆岭说再见了，我心底忽然唱起："命运就算颠沛流离……"

新都桥镇

我和陈哥原本已经坐上返回康定的大巴，折多山上一场大雪让我们不得不退回新都桥镇。

我们继续入住桥头那家宾馆。第二天起来，拉开藏式华丽的窗帘，外面贡嘎山的雄姿依旧。桥下的河从高尔寺山而来，贴着一脉山峦，穿镇而过。靠近人烟的这边河岸有些平地，隐隐冒出些绿意；对岸是山；河床偶尔被水冲出一些石滩，又或者淤积了些泥沙，长了些并不茂盛的草儿，不少牦牛涉水过去觅食。河的两岸都种了很多杨树，却有不少地方被砍伐得只剩下一排排的树桩,看上去有些触目惊心。

出了新都桥镇之后,河谷变得很开阔,然而常年冲击形成的泥潭、砾石堆挤在一起,留下的水道并不宽,水流也变得湍急,"哗哗"作响。满眼是泛黄的草坡,两边的山峦上看不到什么树木,只是在一个背风的山坳有一片针叶林,以及零星、低矮的灌丛。4月末的新都桥镇,依然未完全脱去冬的长袍。

我和陈哥刚到新都桥镇的时候,沿着镇外的上游河道做了一次观鸟。现在离开新都桥镇时,大巴却因为大雪被阻在镇外的下游河边公路上。既然路边有各种鸟儿飞来飞去,我们便拿出望远镜,边观鸟边等路况的改善,并无其他乘客的那般焦虑。

还是先说刚到时的那次观鸟吧。

很多大嘴乌鸦,它们叫得让人心发慌。普通秋沙鸭很美,但是胆子很小,容不得我们靠近就沿着河道飞走了。杨树已经发芽,是很多柳莺的至爱。到了四川我是不大敢认柳莺的,单单腰间是黄色的就有好几种。不过认不出来也没啥,它们活泼的身影看上一眼就让人开心。在它们叽叽喳喳的叫声里,春天的脚步正在靠近。

这里的红尾鸲、水鸲挺多——水边嘛,可以理解!在这个色彩依然单调的早春,它们是一道道细微又靓丽的风景。方尾鹟也在,而且数量不少,飞起来时一身鲜艳的黄绿色就像一片新发芽的柳叶儿在随风起舞。杨树林也是高山旋木雀和灰头绿啄木鸟的家园,前者细细小小,主要负责清理树皮;后者粗粗壮壮,喜欢啄入树干取食。它俩彼此精诚合作,相当默契。

还有不太怕人的赤颈鸫,喜欢一会儿在草地上,一会儿又飞到树上与你捉迷藏。我第一次见到赤颈鸫时就忍不住笑了出来:它长得好像灰背鸫将餐巾系在胸口,而且使用时间过长,都脏成酱油红了!

河滩中有粉红胸鹨在踱步,闲悠悠地,但与我们始终保持着3米左右的安全距离;偶尔停下来,带着白眼儿扭头看看我们。新都桥镇的海拔3 300米出头,而我国大陆东南部最高峰即武夷山脉的主峰黄岗山山顶不足2 200米。这就是说,这只粉红胸鹨散的不是普通的步,而是"太空步"!怪不得它如此清高骄傲!

在新都桥镇的第一次观鸟因为看到一只红喉姬鹟达到高潮。虽然之前也见过这种鸟儿,却从未见过它们的繁殖羽——也就是说我以前见过的红喉姬鹟喉咙都不是红的!眼前这只红喉姬鹟喉部色彩艳如夕阳,尾巴翘似纸扇,歌声好比莺燕呢喃,叫人怎不看得啧啧称赞!这犹如玉液琼浆尽入肚肠,那滋味,实在是妙啊!

河对岸的山岩上,岩鸽相随相依,让人觉得爱情真好!

时隔三天后,原本急着赶回成都的我们因为折多山上堵车,大巴在山脚下的公路上前后挪不动,又"被迫"在新都桥镇观了一次鸟。不过,这次在城东。

路边是田地。太阳高高在上,附近山头上白雪依旧,田地里的冰雪却已经开始消融,地面变得泥泞不堪。我们没法走远,就挑些田埂随便溜达。

山顶有猛禽!高山兀鹫和胡兀鹫的身影刚刚还远观小若雪片儿,忽然间就如同鬼魅一般到了我们的正头顶,不用望远镜都可以看见它们眼

冰雪消融的溪流

底寒光毕露。大群达乌里寒鸦挺着白肚皮聚集在山头盘旋，红嘴山鸦则在半山腰徘徊。在藏族人民心中，鸦是神鸟，不会去伤害它们。所以那些红嘴山鸦并不怕人，一摇一摆去吃藏族居民扔的面包屑和饼干。那些与我们一样受阻的藏族人多半爬到山坡上躺着晒太阳。他们身上的藏袍虽然显得有点脏兮兮的，好处却很多——在哪里都是天大地大，可以用它随心而坐，随性而卧。

回头看了看那漫长的车龙，我和陈哥决定稍微走远一点，结果看到大群分散的戈氏岩鹀在看似什么都没有的田间孜孜不倦地翻土刨食。当年在广西猫儿山山顶为了看清楚一只它的同胞，我趴在悬崖边辛苦万分，如今它们就跟麻雀似的在身边，赶都赶不走。想到此，我不禁哑然失笑。赤颈鸫在上次只见到两只，这里亦是一大群。其实不奇怪，因为此处的植被比河的上游好很多，河边灌丛和杨树都是成林的。一对黑胸歌鸲夫妻在此出现也不能算是意外，不过前日在帕姆岭的山下只能远远地看到这种鸟儿，今日就可以近距离端详，那种美妙，让我巴不得堵车就这么一直持续下去。

终究还是要上路的。遗憾的是，积雪虽然已被清除，但有些人心中自私自利的本性依旧不减——山路原本狭窄多弯，总有些司机不守规矩，定要变道超车，结果在折多山顶出了车祸，导致几千辆车堵到天快黑。此处有 4 000 多米的海拔，风萧萧兮雪茫茫，寒气汹涌如潮水，所有人只能蜷缩在车内焦急地等待。

时间久了憋得着急，我下车去"放水"，喜鹊、大嘴乌鸦还有白鹡鸰就在一旁。到处都是雪，它们在这里吃什么呢？为什么旁边的那位藏族人说"现在的天气异常是对我们的报应"呢？难道是因为他们对河边那些树木的肆意砍伐、对其他生态环境的破坏，还是另有缘由？还来不及思考和请教，前面的车辆就开始挪动，于是我赶紧上车。带着对大自然无数个类似的疑问，就这样披星戴月，过了康定，下了泸定，翻过二郎山，一路回到成都。

是夜，公元2010年4月25日凌晨3点，成都暖热闷燥。

初夏，已悄然来临！

岩鸽（林子大了 摄）

夏之篇

在我国南方和华北很多地方，一到夏季，你会发现很多鸟儿"不见"了，观鸟者们称这种现象为"鸟荒"。这主要是因为此时一部分候鸟已经离开南方，前往北方繁衍后代。还有一个原因是很多留鸟不堪忍受暑热，它们喜欢在清晨和傍晚才出来活动，在白天绝大多数时间则躲在树林里安静地"乘凉"，所以就从我们的眼里"消失"了。

当然，聪明的你一定想到了，夏季如果去高海拔和高纬度地区观鸟，鸟儿就不会因为"怕热"而躲起来。另外，燕鸥等鸟类纷纷随着洋流带来的鱼群和陆地上滋生的大量昆虫，从正处于食物相对匮乏的大洋洲来到我国南方及沿海一带，上演一幕幕由夏候鸟担任主角的舞台剧。作为观鸟者，我们怎么能错过这样的视觉盛宴呢？

对很多人，特别是对学生和教师而言，夏季观鸟有个重要的优势——假期充裕。毕竟对忙忙碌碌的现代人来说，想去远一点的地方观鸟，时间往往是最奢侈的成本。

卷丹

都江堰青城后山
——我是夏日孩子王

> 感谢老天
> 孩子们还小，不会太贪心

我爱这些孩子们，尽管他们有时真的很让人头疼。

他们从见面开始就很热情地喊我"山鹰老师"，喊"大神"的也有，还有别的"芭啦芭啦"等，统统不顺耳呢！我听不得"老"字，不知道么？叫我"山鹰"就好。作为一个鸟人，"就算下一秒死了，这一秒还要高高地飞"才是人生梦想啊！

在车上叽叽喳喳，不，是吵吵嚷嚷得让我无法补觉也很糟心。不知道前一天晚上我和你们的带队老师陆老大久别重逢、叙旧一夜么？你们忙着揭露过往悲欢、互相起外号之类的幼稚行径时，能否不要提"跟着山鹰看到很多鸟，跟着陆老大鸟都躲着大家"的事情？做人要"谦虚"不懂么？我妈小时候就是这么教育我的，你们的老妈们呢？什么？她们没有来？！她们来了，但被陆老大分到别的小组了？！那我岂不是在这一路上得……

"等等，师傅，能否停下车？"我只想静静！

我还没结婚，瞬间当爹又当妈的感觉"不要不要滴"啊！可是，咦，这些娃看着好萌，抢过来当干儿子好像也不错！

观鸟的时候找不到鸟比较烦人。好不容易找到一只鸟，关于方位的描述我已词穷，你们居然还是看不到？我看腻了，你们却只看到最后一眼？着急啊——跟着"山鹰"竟然没看到什么鸟，不是我的错也算是我的！至于我们为什么会出现在人山人海的成都青城后山，并且幻想着找鸟看？真的别问我，我只说过一般人不来青城后山旅游，忘记告诉你们来后山的都是本地人！所以"青城天下幽"你们就当是个传说好了，或者说只有在人口密度低、交通不便的古代才会如此。

只有峡谷里狭窄的栈道可以将人潮的滚滚洪流约束成短暂的涓涓细流。所以抓紧时间吧，小祖宗们！那里有一只小燕尾是你们都没看过的。你们慢慢拍，我去看看千万年河流沉积后暴露出来的砾岩、湿漉漉又生机蓬勃的苔藓，还有那些绢绸一般的流水和闪着琉璃翠色的深潭。

哦，一阵轻风穿谷而来，清凉如冷月浸泉，这些你们都没时间理会的！你们只会撅着屁股趴在地上对着那只傻乎乎的小燕尾一顿猛拍。大自然美好的东西多得数不清呢！瞧，那边一只色蟌，翅膀上的色斑像不像红宝石？漂亮吧？！那你们接着拍，而我又可以歇一会了！

总爱问问题也很不招人喜欢。我不是神，又不能真的走在前面把我不认识的动植物都踩死。不要随便看到一朵野花就问我那是啥，而且路边的野花不要采！你居然唱"不采白不采！"？好吧，小子，算你有出息。过来，我保证不揍你！

最糟糕的是走着走着，忽然有人不见了。手机在山里没有信号，知道么？！一头一尾的人都在，中间的人怎么会一转眼没了？我找了半天，终于找到一个气喘吁吁、掉队的小胖子，小脸红扑扑的他一看到我就主动说回去要加强锻炼。好吧，来，让我捏一下脸蛋，这事就这么算了。

在青城后山和这些孩子相处的第一天，能做到"相看两不厌"已经可以念"阿弥陀佛"了！实际上，平日里话很多的我当天基本上在观察。孩子们身上的优缺点都很明显，只不过我很清楚的是，相比成人世界里的顽疾，克服孩子们的那些缺点需要的只是多一点点提醒。

至于观鸟，在周末的青城后山，人比鸟多得多，各种拥挤不堪的回忆现在回想起来都觉得脑壳大。然而在溪流切割出来的古老峡谷中，短暂的快乐对匆忙的孩子们而言也许已经足够了。

感谢老天！孩子们还小，不会太贪心！

成都西岭雪山
——盛夏幸有清凉地

柳莺们全都是林间欢快的乐符
也是跳动的节奏
有了它们，大山再老也不会寂寞

西岭雪山并非观鸟热点，可我以为，鸟人到成都不去此山是说不过去。毕竟，杜甫在那句"窗含西岭千秋雪"前面，还铺垫了"两个黄鹂"外加"一行白鹭"呢——这可全都是鸟！

我曾在成都住过一个冬天，还有一个春天。雪花白、梨花白都见了，西岭雪山的白却不曾见。杜甫写这首《绝句》时正值安史之乱的末期，时局已经基本稳定，东吴乌篷船里的安宁悠然而至。在没有雾霾的时代，他的窗外没有高楼大厦，只有雪山巍峨的影子温柔地荡漾在柳下的池塘间。

我决定直接登山——这座雪山不是莲花，不是只可远观！

然而，夏季的西岭雪山景区范围内是没有雪的！有雪的主峰在西岭雪山景区是看不见的！知道这个消息的时候，车已经开到景区山脚下。好在位于半山腰的酒店条件不错，大家白天被青城后山的拥挤不堪吓得直哆嗦，得以夜宿如此清静的高山之地，已喜出望外。

山谷薄雾渐聚，缭绕成云；月下树影婆娑，晚风拂窗。大山静谧，自有威严。我们沉浸其中，一时间倒也忘了无雪之事。

未几，我们就被走廊里孩子们的大呼小叫给搅了安宁。这些孩子大多训练有素，一般情况下不会在酒店里大呼小叫。我们几个带队老师自然要去看个究竟。

一开门，就有孩子跑着扑过来，大呼："老师，我们房间里有蝙蝠！"还有更多孩子拿着相机冲进那个房间，又果然见一只硕大的蝙蝠从房间里急飞出来，在走廊里来回扑腾，然后在一个角落蜷缩不动。我说："一只蝙蝠有什么好喊的？"孩子说："老师，房间里好多只呢！"我见那蝙蝠生得异样，身披长长的金褐色毛发，硕大的耳郭几乎呈螺管状——简直就是明教的"金毛狮王谢逊"和"蝙蝠王韦一笑"的"合体"。我心想这玩意好歹也是哺乳动物，俗话说"一兽抵十鸡啊"*！于是对孩子们说："别管房间里的，一会赶出来就是了。你们先盯好了这只，没准是好东西，我回屋拿相机。"

"山鹰说是好东西！快去拿相机，都来拍啊！"这些孩子转身就开始大喊。

呃，其实，我对蝙蝠只是"十窍通了九窍"啊！

拍照、发微信，然后坐等四川的鸟人和兽人的回音。究竟是一片哀嚎"为什么好东西都让你遇见了！"，还是会无限鄙视地说"这不就是xxx"呢？

要相信我的直觉。这种蝙蝠果真是"妖孽"——长耳蝠的四川亚种，但目前还缺乏足够的研究，有专家怀疑它是一个独立的物种。不一会儿，我的手机几乎被从里面涌出来的各种嫉妒给烫坏了。

任由他们去羡慕吧！我拉上一群人出门夜观，微寒的夜并不能阻挡我们心中探寻自然的热情。

几只虫，几只蛙，几朵花。第一次见到卷丹，花如美人卷珠帘。匆匆而归也算小有收获——我们总能这般积极地安慰自己，大概因为大自然早就将快乐锤炼成了我们的天性。转弯之处总有惊喜的日子过多了，心底会跟着眼神一起明亮。

翌日早晨，天空中霞光一片。这并非一个好天气的预兆，但毫无疑问

---

* 在野生鸟类中，雉鸡类因为习性隐秘，比较难以见到，所以有"一鸡抵十鸟"的讲法（当然，此处的"鸟"不包含雉鸡类）。然而，相对于野生鸟类，野生哺乳动物（兽类）在野外的可遇见度更低，故有"一兽抵十鸡"之说。

那是一片让人美到无言的天空——比宝石温润，比白玉多彩。我们甚至对四周此起彼伏的鸟鸣声无动于衷，静静地看韶华渐逝，等到东方既白这才作罢。那些原本叫得欢乐的鸟儿，却因先前我们的怠慢颇有些不开心，纷纷躲起来不肯见人，空留我们对着山林抓耳挠腮不知所措。

到底还是有一些鸟儿是通情达理的。你看赭红尾鸲就大大方方地在路边秀恩爱。绿背山雀忙着养育小家伙，没心情与我们玩捉迷藏。西岭雪山所属的邛崃山脉是喜马拉雅山脉的接力棒，温润潮湿的印度洋水汽被一路引导至此。尽管我们住的宾馆海拔在2 250米左右，周围依然是郁郁葱葱的阔叶林，而在华东的武夷山脉，海拔1 900米左右就是林线了。

那些鸟儿就在林间，我们却被浓密的枝条阻住去路，望而兴叹。等吃完早餐，众人急忙赶着去山顶，索道竟然坏了。沮丧之余只得重新回到密林，试图发现一二。还真别说，沿着一条林间栈道，静心仔细搜寻，竟然有不小的收获。

矛纹草鹛，我虽见惯不怪，孩子们却喜欢它那在灌丛枝头摸爬滚打的

矛纹草鹛

二愣子精神和翻着白眼的模样。矛纹草鹛就是这个德行！你看它那身条纹衫,穿起来就丝毫没有英伦范,完全是近乎小丑服一般的滑稽。

柳莺很多,加上新近分出来的各个种类,更难辨识。我老老实实地告诉孩子们:"我也不确定！想定种？好办,来,请安静,我们一起听声音。"

得益于国内观鸟前辈之一的"birdman"在广州推广观鸟过程中对声音的强调,现在很多年轻人外出观鸟前对鸟类的声音同样会做足功课。我是懒人,自然不会这么干,但是广州113中学观鸟社团培养出来的这些孩子们会。朱江,当年的小不点,现在的高中生,除了观鸟,对蝶、兽、虫等也抱有无比的热情。都说"爱好是最好的导师",所以在如今,很多时候他是我的老师。至于在观鸟方面超过我,我相信是早晚的事。

借着朱江准备的材料,我们将那些恼人的柳莺一一辨识,但终究觉得不如看着它们在枝头欢快地跳来跳去来得简单快乐。如嫩草,似老叶,带着点黎明灰,染着些阳光橙,露出几许鹅黄腰,无论哪一种色彩,也无论外形怎样变化,柳莺们都是林间欢快的乐符,也是跳动的节奏。有了它们,大山再老也不会寂寞。我完全放弃了辨认的企图——读书可以不求甚解、怡然自乐,观鸟为何不可？

栈道两边的杜鹃林已经过了花季,不过在几朵残花之下,各色小虫的世界颇为迷人。盲蛛,无论是黑金刚一般或碧玉翡翠模样,还是浑身闪着土豪金,全都有纤细如丝的大长腿,为花间的猎食高手。当然,这里真正的高级捕食者是王锦蛇。与进化上的"投机分子"——毒蛇相比,无毒蛇老实本分,靠体力和敏捷"吃饭"。这条王锦蛇看起来凶悍,不过对我们倒没什么威胁。它蜷缩在路边坍陷的树根下,吐着信子,扭曲着身体,装腔作势。

我们围着它仔细端详后才发现原来它受了伤,而且伤口很深。估计它刚从猛禽爪下逃脱,能否最终逃过一劫,我们不得而知。同行的小朋友们不禁有些替它担心,只是物竞天择,也是没办法的事。小朋友们并非不懂这个道理,可他们终归是小朋友,还可以假装生活在童话里,想象着它会自愈。这很让我有些羡慕。

蓝翅希鹛很活泼,铜蓝鹟则在枝头上几乎纹丝不动。每种鸟儿都有

西岭雪山的游览栈道

自己的个性,我眼前这帮孩子也是这样:有沉稳的,也有嘴上话不停的;有的喜欢问,有的爱自己琢磨;有的天南地北扯得海阔天空,有的专心致志一门心思找鸟。其中,最小的孩子才小学三年级,可爱得很,话不多却每每语出惊人,让他上初中的哥哥额头直冒冷汗。

我建议大家守守杜鹃林,因为林边还有一个小水塘和一个土堆,视野和隐蔽性都不错。果然来了好几种小鸟,只是算不得稀罕,众人看看拍拍渐渐觉得有些无聊。

我绕到杜鹃林后面准备"尿遁",没料到林中分明有一只鸟儿,像是鹊鸲,但比鹊鸲大一点,而且是褐色的。因为有一株树挡着,它应该没发现我,跳到一旁的斜树干上左右观望,尾巴还高高翘起,屁股暴露无遗也一副无所谓的样子。说不上什么与众不同的特征,唯有肩膀处两个白点有些分明。我隐隐觉得应该在哪里见过,于是翻书,果然,白腹短翅鸲——还真和鹊鸲沾亲带故!我正要喊别人来看,它却忽然飞了,像是不小心被人发现后落荒而逃。

铜蓝鹟

红腹角雉（雄鸟）

　　时间已经是中午。能加一个新种我已经相当满足了，毕竟真正的观鸟点在山顶。孰料那坏了的上山索道已经修好了，消息传来，大家纠结是否要上去。之前在来的路上我曾向大家力荐山顶环线观鸟，还有独特的地质奇观"阴阳界"。显然我的鼓动很有效果，不少队伍都冲了上去。我算算时间，担心距离预定的集合时间有些来不及，加上有些孩子也不是太想上去，就决定继续坚守原地。

　　后悔啊！

　　到了集合时间，人却寥寥无几，而且素来谁不准时就批评谁的领队陆老大也不见人影。我以为还有很多人没上去，谁知除了我这一组，其他人都去了山顶。我只能在酒店大堂的沙发上百无聊赖地等他们归来。

　　下来的第一支队伍说山顶上的金色林鸲简直就像是菜鸟。我比较淡定，毕竟在百花岭见过。第二支队伍下来后，一问，他们拍到了暗胸朱雀。我开始有些后悔。第三支队伍说有人看到红腹角雉。我的天！坐不稳、坐不住了！第四支队伍回来时，老远就看到个个红光满面，嚷嚷着看到黑顶噪鹛——我的目标鸟种，此行唯一有机会看到它的地方就是西岭雪山。哎，不说了，连回忆起来都是泪满襟啊！

我质问陆老大:"你怎么也跑上去,不守时?"他先是扭扭捏捏,然后说来了总要上去看看。好吧,谁让我当初鼓动得太好了呢。

　　其实,之所以当时不想上去,只匆匆一览,是在潜意识中早已打定主意:这西岭雪山要再来过。到时候,我要住在山顶,好好地转悠转悠,阴坡也好阳坡也罢,统统不放过。我就不信召不出百鸟争鸣,唤不来飞羽斗艳。

　　夏日的追鸟梦,继续做;通往雪山的路,继续走。

　　后记:此文最初写于2014年。2018年我以裁判长的身份去广州参加广佛肇(广州、佛山、肇庆)中小学生观鸟大赛的时候,朱江跑过来看我。这位当年的高中生已经是大三的学生了,昆虫的分类和演化是他选定的主要研究方向,并且已经在学术期刊上发表了一个由他发现的昆虫新物种。

阿坝若尔盖嘎哇村
——藏寨八月马鸡飞

> 大嘴乌鸦先是一哄而散
> 然后又若无其事地重新聚集在寺院前的广场上
> 开始享用早起的僧人撒喂的谷粒

第 一 天

离开若尔盖草原，车缓缓而下。公路就挂在峡谷侧边，很窄。透过车窗探头望出去，崖壁上低矮而挺拔的针叶林正列队欢迎我们，谷底隐约传来激流奔腾之声。

车在若尔盖县求吉乡嘎哇村停下，求吉乡的张书记带着几户藏族居民来接我们。我们都想住在最漂亮的卓玛家，然而除了几位满脸写着幸福的队员，一干人等还是乖乖地被大妈、大姐、大哥们领回各自的藏式民宿。

明朗的院子，院墙四周的格桑花开得五彩缤纷。院子的一面有栋藏式二层木楼，楼下是生着暖炉的小客厅和主人的卧室，楼上有四五间客房。院子的另一面有厨房、柴火房和一间宽大的藏式平顶大客厅。大客厅中间是炉子，酥油茶、奶砖就放在上面，散发着独特而诱人的香气；墙壁四周是各种重彩描绘的木制柜子、藏传佛教的唐卡、壁画等。

在我入住的那一家，客厅里还摆放着两只蓝马鸡的标本。主人家说那是很久以前弄的，而现在政府不让打鸟了。女主人看我在研究院子里晒的香菇,就拿出来一只马鹿的角,说是她前两天进山采蘑菇时在路上捡到的。

求吉乡位于若尔盖草原和九寨沟之间,历史很悠久,然而在大众中并不出名,至少我此前对它并不了解。来到此地原本只是因为我们要去的巴西乡住宿条件有限,解决不了我们几十号人的入住问题。但是当车经过巴西乡后继续向密林峡谷深处前行来到此地的时候,面对巍峨环抱的青山、奔腾的大河、纵横的田野,还有金碧辉煌的寺院,我跟陆老大说,不去巴西乡了,就在这观鸟吧。

马鹿角的出现更是坚定了我的选择——得益于长期的自然状态以及政府和民众保护意识的提升,这里的生物多样性和生态完整性足以吸引大型兽类频频光顾,更别说鸟儿了。那一瞬间,我对翌日的观鸟充满了期待。

求吉寺的僧舍

尽管我们抵达的时候已经天色近晚,张书记还是极力推荐我们去村旁边的求吉寺看看。

如一尊敞着胸怀的弥勒佛,由众多大小僧舍和佛堂构成的寺院坐落在与村子隔了一个小山谷的山坡上。奇特的是所有屋子的外墙壁都画着硕大的红白相间的纵纹,在渐渐紧迫的夜色中十分醒目。张书记说这是藏传佛教萨迦教派的寺院,红白纵纹象征着大力金刚指留下的手印。如此一说,瞬间令人印象深刻。

上百只大嘴乌鸦聚集在一起,在鎏金的屋顶上渐渐停止了聒噪的叫声。已经夜凉如水,达乌里寒鸦似乎有些怕冷,围着硕长的银狐裘皮领子还嫌不够,纷纷凑过来取暖。

一位僧人戴着高高的僧帽,对着我们这群以中学生为主的队员,简要地介绍了藏传佛教,从藏传佛教对上师的无比尊崇出发,引导学生们应该尊师重道——厉害啊!

佛堂里灿烂辉煌,微型须弥山珍宝堆满,幔帐华丽威严,水晶灯夺目如天国之光。藏传寺庙大多数是这样——最好的都供养给佛,以换取来生的安宁。

只可惜,真的在意来生的人大多属于两类人:不是今生已荣华享尽,就是渴慕却不可得。前者希望继续保持,后者只盼速速改变。然而,在佛灯隐约跳动的光芒之前,眼见那众生相影乱神移,我知道:宁心,才能万法归一。

那一晚,北斗垂空,银河闪耀,大家都睡得很好。

第 二 天

和学生们约了早晨6点半在求吉寺边的河谷碰头。

鸟永远起得比人早。

崖壁上的灌丛里,彼此明明熟稔的山噪鹛们,不好意思面对面地唱情歌,而是轮流跳上枝头对着黎明的天空做深情的呼唤。这场景,让我想起电影《庐山恋》——历经磨难,有情人久别重逢,执手相看泪眼,深情款款；本该顺理成章相拥热吻，却忽然觉得太过羞涩，只能回头一转对着大山高喊一声："我爱你，祖国——！"戈氏岩鹀在山噪鹛上方的电线上看到这一幕，忍不住"咯咯咯"地笑出声来，笑得那本来就很细的过眼纹眯成一条缝。

大嘴乌鸦先是一哄而散，然后又若无其事地重新聚集在寺院前的广场上，开始享用僧人撒喂的谷粒。

寺院另一侧的峡谷很深。沿着只能让一个人通过的山路，我们缓缓前行。峡谷中不时地有鸟儿飞过，可惜光线不太好，距离也有些远，基本上被我们无视了。可总有些鸟儿闹得动静特别大，想忽略也不可能。

大斑啄木鸟叫得整个山谷都跟着在震动，而且显然不止一只。它们高亢撕裂的叫声你方唱罢我登场，一副不把整个山谷都喊醒就决不甘心的架势。大脑袋小身子、天生一副好歌喉的山雀们跟着沸腾起来，褐头山

大嘴乌鸦

雀、绿背山雀、煤山雀,全都成了林间跳动的音符,在我们身边幻化成一波接一波、无法停止的欢快舞曲。就连胆子小小的灰头灰雀也受了鼓舞,开始细声细气地唱了起来。然而,一只雀鹰滑过,林间瞬间安静,一切复归死寂。

峡谷对面的山坡上,肉乎乎的旱獭们在家门口大口地深呼吸,悠闲自在。清晨山里的空气,带着甜味。

据说露水是夜空中不肯离去的星星化成的。昨夜星空璀璨,不肯离去的星星一定很多,所以今朝的露水才会如此深重——我们的鞋和裤脚全都被打湿了。然而谁在乎这个呢?那朵在露水中悄然绽放的宝兴百合,仿佛是冰雪版的卷丹,早就将众人的注意力吸引过去了。李白写下"但见泪痕湿,不知心恨谁"的时候,也曾见过此番场景么?

因为要赶着回去吃早餐,我们并没有深入峡谷太多。

早餐后,我们去爬了红军山。红军于1935年在这一带与国民党胡宗南的部队打了一场伤亡惨重但具有重要意义的胜仗——包座战役,为红军北上扫清了障碍。这里也是红军当年三大主力在长征路上首次会师的地方。尽管红军战士们当时身体衰弱不堪,但斗志昂扬。后来,有位敬仰红军、钦佩长征的海外人士捐资在这里的山头上修建了一座纪念碑。

这座纪念碑外形类似天安门广场的人民英雄纪念碑,碑顶是一组鎏金的红军战士塑像。无论是朝日初升还是夕阳西下,这些战士塑像和碑身上同样鎏金的"红军精神万万岁"几个大字始终熠熠生辉,亮彻山谷。那山,也因此被称为"红军山"。

可惜啊,那天下雨。吃完早餐的时候还有一点蓝天,走到山脚下雨点就铺天盖地了。没了太阳,红军山上的鸟儿们大多躲着不出来,有几只灰背伯劳偶尔跳出来就算很给面子了。我看着在山谷上空翻涌的云层说:"撤吧!"可还是有两个组员想上山,因为之前我们听到消息说那上面可能有血雉。见他们带着雨伞,我便带着其他人下山。

在村里的一家小店里,我们借着主人家蒸馍的火炉将被打湿的衣服烘干,顺便将身上的寒气驱除。

一个三年级的小学生一直喊冷。我问他穿了几件衣服,他说冲锋衣

求吉乡的红军纪念碑

里面还穿了三件,这让我有些纳闷。还是同组的女孩子细心,扒开他的外套一看,里面穿的竟然是三件短袖!到底是小孩子啊!大家都笑傻了。我赶紧脱了抓绒衣给他穿上,小伙伴们也纷纷把自己的围脖和手套都给他,把他套个严严实实的。火炉很给力,一会儿的功夫,不仅把人烤得暖暖的,就连外面的天也给烤晴了。

可是我已经不想再去爬红军山了。看着远山将穿村而过的公路一口吞噬,我想,路尽头没准是个好地方。

路其实长着呢!只不过公路出了村子没多远就拐了个大弯,看上去似乎止步山前罢了。公路左边的山坡上有低矮的灌丛,右边的悬崖下是汹涌的大河。河对面绝壁上的岩石缝里,松树的根扎得很深,在猎猎山风中挺立得像阅兵式上的士兵。

最先看到的鸟儿是红尾水鸲。它像个苏格兰男人,喜欢展示自己的小红裙子。遗憾的是红尾水鸲太常见了,等白顶溪鸲忽然间跳入我们的视野,它的风头就被秒杀。毕竟白顶溪鸲对小伙伴们来说不仅是没见过的"小清新",就连红裙子也比红尾水鸲多了条黑色的镶边,更别提头上还有顶别致的白帽儿。

这里是一个大舞台。连谈不上有姿色的赭红尾鸲都敢登台亮相,漂亮的白喉红尾鸲当然不甘落后。白喉红尾鸲头顶有着独特的钴蓝色,胸部抹着亮丽的暮光橙;侧面看过去,翅上的白色长斑和喉下的白点像一个躺倒的惊叹号。我见过这种鸟儿多次,总觉得它们拥有颠倒众生的魅惑之力,忍不住要盯着一直看。这只白喉红尾鸲站立在枝头,下临峭壁,望水东流。我顺着它的目光望去,有村寨隐约、鸟影攒动。

大喜！先前上山的两个队员此时已经归队,遂整队齐发。未几,路边的山坡上果然飞影不断。红色的白眉朱雀,有雄有雌。可你看那一只,分明要大一点,脸上花纹多一点,尾巴长一点。难道是——？

暂时没法下结论,因为目前看不清楚。这鸟太不老实了,简直没有停下来的时候。飞飞停停,还总停在枝丫特别多的地方。我们跟在后面,既不敢靠太近,怕惊飞了,又不能真的远离,担心跟丢了。

我并不赞同"再狡猾的狐狸也逃不过猎人的子弹"这句话。小时候听过的"狐狸打猎人"故事还记忆犹新——世界上并没有天生的胜利者！鸟人跟着小鸟,眼睁睁地看着它飞走却什么都没看清楚是很平常的事。当然,在一帮孩子面前,我不会让这种事情轻易发生。

那鸟儿终于停在一处几无遮挡的位置。我们不仅能看得真切,甚至来得及给它拍纪念照。果真是长尾雀！这是朱雀家族里仅有的两种名字里没有"朱"字的鸟儿之一（另一种是藏雀）。并非它不够红,而是它的长尾巴似乎比"红"更得命名者的心。身着霞帔却脸若冰霜的长尾雀原本像个冷美人,可眼先的那一抹幽红又像是因为心事重重哭得双目微微红肿,有着让人怜惜的楚楚动人。这是我个人此行第二个鸟种新纪录,顿觉心花怒放。

意外来的欢喜让我们全都放松了警惕,结果给我们的肚子可乘之机,纷纷开始控诉饥寒交迫之苦。于是,除了一路上顺便"捡"了些当地常见的鸟儿,众人直奔食堂。

所谓"半大小子,吃穷老子",孩子们狼吞虎咽风卷残云的速度让同行的妈妈们都觉得惊奇。其实孩子究竟是不是"妈宝",妈妈们是关键因素。一路观察,大多数孩子很习惯妈妈们的贴心服务,但只要妈妈不在身边,一个个慢慢学会独立丝毫没有问题。

所以我琢磨着,或许这正是这一代的孩子们与妈妈们交流的一种方式。孩子听话、乖巧,表现得弱弱的,其实是给担心孩子长大后会离开自己的焦虑的妈妈的一点安慰,是提供给她们满腔母爱一处倾泻之地,并以此换来她们的安心和减少"唠叨"的时间。也就是说,妈妈对孩子的宠爱不仅仅是个表象,实质上,还是这些小男子汉们和小巾帼们的一种聪明、"狡黠"又温馨的策略。

但是,母爱的伟大是毋庸置疑的。人是如此,鸟亦同之。

食堂外面的地上,一只大噪鹛的出现让众人渐渐聚拢了过来。不久,路边的水沟里又冒出来一只,看上去与前面那只并没有什么不同,锈红色的脸颊,缀满雪花点的绛红色衣衫像日本江户时代的铠甲一样炫酷。不过它忽然张开翅膀冲着先前那只拼命地抖动,嘴里传出尖锐而急促的叫声。这是典型的幼鸟"乞食"行为,可是这只大噪鹛分明羽翼丰满,体态特征完全看不出尚处于嗷嗷待哺期。原本对大噪鹛无多大兴致的我也忍不住拿起望远镜端详。

可怜天下父母心!这只大噪鹛确实并非幼鸟,而是已经成年,可它的上喙不知道什么原因断了,根本无法自己觅食,一直依赖亲鸟提供食物才长到这么大。那只亲鸟等于每天要养活两个自己!尽管如此,它并没有遗弃自己的孩子。喙残疾的个体迫切的呼唤得到的,永远都是亲鸟温暖的回应。

炫目的骄阳和午后的困倦让我们并没能走远。田间地头随手摘一把鲜红欲滴的野草莓放入口中,酸甜可口,去暑生津。躺在山坡上看青稞浪随风翻动,家燕在头顶做特技表演,远山在浓云淡雾间不断变换身姿,经幡在风中呼呼作响,寺院里传来法螺的鸣声,山顶的红军塑像和佛堂的金顶在蓝天下交相辉映。河谷里,浪涛奔腾的声音仿佛来自远古,又消失在未来。

当天傍晚,我们又一次进入峡谷,收获依旧不大。黑额山噪鹛倒是不错,可惜只有我看清楚了。那日天色渐晚,纵有彩虹高悬天空,我也实在是走得有些倦了,就一屁股坐在地上,让学生们坐等"好鸟"出现。

青稞

"好鸟"并没有在我们眼前出现。但"好鸟"其实真的出现了——蓝马鸡从我们背后不远处缓步走过,被对面山坡上的那个小组看得真真切切。他们太远没法说话,手机也没有信号,只能朝我们拼命挥手,努力提醒我们。我们的确看到了他们的挥手,也很"礼貌"地挥手回敬。然后,自然就没有"然后"了……

虽然因为天气原因和时间所限,每个小组在嘎哇村的观鸟收获都没有预先期待的那样精彩,但从最后各组汇总的信息看,这里鸟种的分布情况并不输给邻近的九寨沟。

嘎哇村,一切都在不停地变化,一切又似乎已经静止多年。这里民风淳朴,藏式的民宿干净又别具特色,到九寨沟县交通也比较方便。求吉乡的张书记曾和我促膝长谈过一次,他的热情、见识、慈悲和责任心给我印象非常深刻。如果每个乡镇的党委书记都像他这样,我们的国家真的会更美好。

这里是佛国,亦是俗世;远离喧嚣,却总有良朋自远方来。葱郁的山林是野生动物的乐园,亦是人们的美好家园。对这片山水的情谊与呵护,原本只有生长于斯的他们;现在,毫无疑问,也会有大家共同参与。

后记:两年后我又去了一次嘎哇村。当年乡里的张书记已经升调到县里工作,不过乡村建设和发展一直都是他关注的主题。因为他要参加一个会议,我们未能再次碰面,但始终保持手机联系。这次我和我带来的一批观鸟新人在嘎哇村及其附近轻松地看到蓝马鸡、黑颈鹤、梅花鹿等,被我们戏称为收了嘎哇村的"吉祥三宝"。

福州闽江口
——海上炎风仙鸟来

> 洲上的潮水刚刚退去
> 半是芦苇半是沙
> 我们一行人的足迹不断延伸

本是瑶池仙山鸟,偶入凡尘亦难寻。

2006年世界杯开幕的那个晚上,鸟友"上尉""岩鹭""小小隼"和我,沿着厦福高速一路北上。我们披星戴月,只为了追赶一双双来自南方的翅膀。

车在闽江口梅花镇的一个小渔港停了下来。港口挤满了正在卸货的渔船,同时各种各样数不清的鱼混着冰块被装在一个个货箱里,在码头铺出一片耀眼的银色。

船老大老陈应约驾着他的小木船晃晃悠悠地来接我们。他的"梅花镇特色"普通话实在是让人头疼。我跟他说了几句话之后就彻底放弃了,最终用手势比画着才讲清楚了要去的地方。

沿着浑浊的江水,小船向闽江入海口的沙洲进发。那些扎根在江底的芦苇随着海上的微风荡漾着,一如我们这条小船摇动的节奏。前方的收获会怎样?几丝怀疑,更多期盼。

洲上的潮水刚刚退去,半是芦苇半是沙。我们一行人的足迹不断延伸。偶有停留,也只为那振翅的白鹭、高唱不停的东方大苇莺,还有在沙滩撒欢小跑的环颈鸻。

中华凤头燕鸥（古古炊烟 摄）

  岸边的青山、身旁的碧草、脚下的黄沙都落入海的怀抱，静静地躺在我们的眼帘下。现代人的眼睛，有几次可以这样极目而舒？都市里被高楼阻隔的视线和支离破碎的天空，在这里统统都被震撼所代替。此时，若有一匹黑骏马，定要飞身而上，在这无垠的沙滩上疾驰向前，踏碎白浪。

  海的那一抹湛蓝被浑黄的江水推在很远处。鸟并不多，阳光下除了我们，赶海的渔民也在滩涂上忙活。穿着橡胶衣，站在齐腰深的水里，他们在寻找着希望。我们扛着单筒望远镜，举着双筒望远镜，淌过涓涓细流，探过没膝的江水，也在寻找着。登上沙洲，烈日当空，疾风带起的飞沙打在四肢上犹如针扎，听着冥冥中的召唤，我们跋涉着……

  终于，远远地看见一群大凤头燕鸥。它们头朝着海风吹来的方向，在江水与沙滩的交界处静静地休憩。透过单筒望远镜正在计数的"岩鹭"忽然跳了起来，孩童般地欢呼着。我知道，"神话之鸟"——黑嘴端凤头燕鸥[*]出现了。走在前面的"上尉"忙不迭地赶回来，用小数码相机接上单筒望远镜后狂按快门。我们则猫着腰悄悄地接近，每走几步就停几分钟，手

---

[*] 本文成文时间较早，此处依然沿用这种鸟类过去的名称。根据最新的分类学研究及鸟类命名，黑嘴端凤头燕鸥更名为中华凤头燕鸥。

黑尾鸥

里的望远镜却一直舍不得放下,生怕错过它的一举一动。

虽然外表极为相似,但黑嘴端凤头燕鸥比大凤头燕鸥体型稍小,体色银白发亮,嘴尖的黑斑在阳光下清晰可见。这种全球不过几十只*的鸟儿,能见上一面实属三生有幸。据说2005年有一位香港鸟友花费数万元辗转东南沿海多地最后抱憾而归,今天我们第一次出行便亲眼目睹,怎能不觉得这是上苍的眷顾?

大家看得几乎忘了时间,半晌后才发现距离已经足够近,可以正常拍摄了。可偏偏就在那一瞬间,那只黑嘴端凤头燕鸥突然飞起,离开了依旧在休憩的大凤头燕鸥群,独自在水里捕了条鱼,然后振翅悠然远离。这突如其来的变化让我们措手不及,手里的相机很沉,对着那渐渐隐没在天空中的身影充满了无力感。它宛如高傲的公主,在尽情地展示风采之后决然而去,留给我们这些普通人一个如梦如幻的痴想!

痴也好,呆也罢,毕竟看到了。些许懊恼之后,心底的开心难以遏制地爆发。我们在茫茫的大海边放声高歌,此时若有音乐相伴,跳上一支桑

---

* 这是2006年前的数量。2018年的统计表明,中华凤头燕鸥的总数接近100只。

巴舞完全是可能的。

之后我们又看了些其他鸟类,例如须浮鸥、白翅浮鸥、黑尾鸥和白额燕鸥。因为心愿已达成,大家观起鸟来更加随心畅快。我也拿起我的小数码相机东拍拍西照照,竟然拍到一只环颈鸻拔腿飞奔的萌照。回到岸边的时候,又遇到当地少见的三道眉草鹀。此行除了"兴奋"一词,似乎找不到更合适的形容词了!

回眸一望,不知不觉中我们已经在洒满金辉的沙洲上走了五六千米。大海依然在远处,黑嘴端凤头燕鸥更在某一个遥不可及的海上仙岛驻足。

看着身后悠长绵延的脚印,回想一天的劳顿和欢欣,我不禁摇头晃脑,吟诵一首:

本是瑶池仙山鸟,偶入凡尘亦难寻。

匆匆一面缘非浅,漫漫黄沙印记深。

热带雨林中的绞杀榕树

漳州南靖虎伯寮
——避暑观鸟欢乐多

> 就像之前每次观鸟一样
> 惊喜之后通常还会有"甜点"
> 那是一只悄然飞入视野的蛇雕

福建漳州南靖的虎伯寮亚热带雨林属于国家级自然保护区范围，其中有条窄窄的柏油山路，却不通公交车，进山很不方便。所以当"流星"说她叔叔可以帮忙解决交通问题的时候，我们自然就不再犹豫了。除了我和小拜，"流星"还把华中师范大学的"稻子"、福建师范大学的"菜籽"和小月也喊了过来。

南靖县城青山环绕，九龙江的一条支流缓缓穿城而过。县城的主干道沿江岸而建，楼高大都不过七层，有着超乎想象的秀丽和规整，街道的干净程度不亚于素来享有"海上花园"之称的厦门。县城里的房屋多为素色，距离街道和公路相当远，加上郁郁葱葱的行道树，丝毫没有其他很多新发展起来的城市那种常见的压迫感和嘈杂感。被青山碧水簇拥的南靖毫无疑问是迄今为止我在福建见过最美的县城。

南靖真不愧是竹子的世界！甜的、酸的、酥的、脆的，午餐吃到不下五种不同口味的竹笋。餐后，大家挤上"流星"的叔叔派过来的一辆越野车。山路弯弯绕绕，没几下我们就钻进了大山的怀抱。一路上我们看到大片大片的香蕉林和巨尾桉林。这些经济林虽于环保无益，但毕竟也曾是很多人的生活来源，所以在保护区核心区外数量可观不足为奇。一个小时后,我们到了象溪村。

象溪村因村旁的溪流"象溪"得名,而溪流之名则是因为在那溪水转弯处有座山峰宛如大象的鼻子。照我看来,这虎伯寮的精华就是这条象溪。溪水澄澈那不用说,难得的是水量巨大、水势奔腾。站在路边俯身向沟壑里望去,浪花飞溅,雷鸣不止。这仿佛是一条乳绿色的布匹,被溪流中央硕大的岩石堆给生生地劈开后,又被黝黑的崖壁撕扯得粉碎。溪水像一匹咆哮的青骢马,口吐白云,昂首放蹄,沿着峡谷一路绝尘,狂荡不羁。只是到了少数的地方,那水流才稍微放缓速度,却并不收敛其豪放的本质,绝不扮演什么温和婉转的小家碧玉,貌似平静的水面之下依然是汹涌澎湃的急流。若将这溪流比做女子,定是击鼓抗敌的梁红玉,而非蹙眉忧沉的杜丽娘。

鸟儿少得可怜。不过这里的黑喉山鹪莺可以近人到两米之内,来一个眼神交流毫无压力。那两只黑喉山鹪莺想来是好姐妹,本来站在屋后的茅草上叙着闲话,见我们来了,不仅不恼,反而大声地邀请我们参与进去。奈何我们不通鸟语,只能微笑地看着它们,却插不上嘴。

我没看到什么特别的鸟儿,可对于来自武汉的"稻子"来说,红耳鹎就是新纪录,更不用说其他杂七杂八的鸟种了。山里的领雀嘴鹎和溪流间随处可见的红尾水鸲足够让小拜和"流星"高兴万分,但"菜籽"和小月在福州见这些鸟类很多次了,和我一样找不到特别兴奋之处。然而到最后,白腰文鸟、红嘴蓝鹊、普通翠鸟等菜鸟都能让我们觉得有些满足。真的就像我们预料的那样:南方夏季的低海拔山区,鸟荒!

鸟荒就鸟荒呗! 既然已经来到大山的怀抱,为何不好好地享受一下?

象溪村的房子是传统的闽西风格——堂屋没有门,向所有人敞开。看得出,这里的地方经济并不富裕。仅有的一所小学坐落在村子的制高点上,而且因为生源不足已经关闭。"流星"曾随着厦大绿野的一些大学生来这里做过环境教育,当时就在学校的操场上露营。操场隔壁是户经济条件不错的人家,户主脑子活,开了家"农家乐",我们便住在他家。户主的父辈是老革命,他自己也当过兵,还打过工、做过老板,人生经历相当

丰富多彩。如今他家有一亩*草坪、一亩水塘、半亩菜地、半亩花园和占地半亩的木楼,还有十亩果林,好不自在。只是他闲不住,一般周末才回家,平时在南靖县城上班,将偌大的家园留给妻女照看。

山村的夜色格外迷人。我们在喝了一点金红色的米酒之后,夜间走在蜿蜒的山道上,步履变得软绵绵的。

萤火虫飞来飞去,打着灯笼在前面为我们照路;金龟子、叶甲跟过来凑热闹;连山里人家养的鸡鸭也都跟在我们后面摇摇摆摆、咯咯嘎嘎地行进。巨大的草垛顶如女巫的尖帽一般戳向缀满繁星的天空。小月教我们辨认天空中的星座:展翅的天鹅座、流淌着歌声的天琴座,而天蝎座的美人原来拥有一颗红色的心脏,还有天龙座、猎户座、人马座,等等。当然,少不了牛郎织女。难怪我们见到的喜鹊很少——眼看着七夕将至,想必它们都准备着去架桥了吧!

坐在草坪上看星星,回忆着白天看到的鸟种,还有下午我们在溪水中畅游的刺激劲儿,不知不觉间,时间飞逝。想着第二天还要早起向山林深

---

* 1亩≈666.67平方米。

虎伯寮潮湿的环境很适合蛙类生存

处挺进,困乏渐生。除了蛙鸣和白胸苦恶鸟呼唤爱情的歌唱,夜,静得可以听见微风拨动竹叶的轻歌。

次日我们起得很早,不过依然没有什么鸟儿。于是转到屋后的林子里,好歹遇见了一群赤红山椒鸟——雄红雌黄,闹腾得那叫一个欢。棕颈钩嘴鹛只有一只,看到我们,它羞涩地躲到一棵香蕉树后,却忍不住开始放声晨唱,像泉水叮咚作响。朝阳终于爬过山头,梯田上、村屋间,乃至整个山谷,大地金光一片,万物瞬间全都苏醒了。这时,懵懂的大公鸡才飞上房头,开始"喔喔"地打鸣。

回到屋前的草坪上,大家坐在太阳伞下感慨鸟之少,特别是猛禽竟然都没有看见。话说完没半分钟,小月就突然大喊:"猛禽!猛禽!"远山如黛,悠悠长长,山坳上空有个小小的黑点渐飞渐高。众人急忙冲回去拿望远镜。是林雕!虽说远了点,好歹有了不是?!

大家信心大增,早餐吃得格外地香甜。尤其是那个豆腐煎鸡蛋,巴适惨了*!

爬上货车,我们上了颠簸的进山路。为了不让路边低压的树枝和竹竿打着脑袋,站在车斗中的我们不得不时时弯腰避让。山路崎岖狭窄,一侧是岩石峭壁,另一侧沟壑丛生,象溪在身旁一路咆哮。在几处略为平缓的地势上,有几栋别墅模样的屋子,据说是保护区的工作站,让小拜感叹说毕业后干脆来这里当个护林员算了。

车在虎伯寮村口停了下来,因为前面已无大路可走。我们背包步行,在夏季山里特有的闷热中继续寻觅鸟儿的身影。深山里只散落着几户人家,周围有些黑领噪鹛、白颊噪鹛之类的身影。附近的森林里,黑短脚鹎倒是蛮多的,也遇到胆大的淡眉雀鹛和红头穗鹛,比较稀罕的是三只黑冠鹃隼,不过没有我心目中的"好鸟"。

我们再次走到溪边。这里接近源头,水量不算大,但依然湍急。寻找燕尾就成了我们的重要目标。大概是为了感谢昨天我带他见了很多新鸟种,"稻子"忽然指着一块石头对我说"快看"。我一看,嘿嘿,漂亮的灰

---

* 四川方言,意思是"特别舒服,特别满意"。

红头穗鹛（WINE 摄）

背燕尾——我的个人新纪录！它黑白相间的长尾像燕尾服一般飘逸在身后，头戴鼠灰色的头巾，在清流中正顾影自怜。大家都赶紧围了过来，只是"菜籽"和小月并不惊喜，因为这种鸟在福州并不难见。她俩心里深深期盼的，除了猛禽，还是猛禽！

奈何时间不等人，我们必须折返。闷热、路不好走、没鸟看……大家蔫蔫的。只有路途中各种美丽的蝴蝶才能不时地吸引我们的注意力，并且博得大家一致的赞叹。

枯叶蝶的出现赚足了我们的快门。它的翅膀上竟然"叶脉"和"叶柄"齐全，要不是错停在一片竹叶上，怎么也不会被我们发现。如深海里最幽蓝的宝石一样熠熠生辉，当翅膀展开的时候，外侧枯黄的它原来具有美妙绝伦的内在。我已有一种预感，既然当下已经精彩异常，那么后面的路程肯定不会过于平淡。

果然，没过几分钟，又是小月说看到了猛禽一闪而过，于是我们停在原地等待。空闲时，"稻子"和"菜籽"看到了一只发冠卷尾，算是有了小小的收获。有点没想到的是，在小月说看见猛禽完全相反的方向，一道黑影正悄悄掠过山林，升向天空。距离不过三五十米，肉眼也能分辨出那正是森林之王——林雕。巨大的翼展末端是六枚手指般张开的飞羽；利爪铁嘴，甚至犀利的眼神都随着它越来越近的滑翔历历在目。它在空中侧头向我们看了一眼，略有怀疑和不屑，旋即昂头向天，直冲云霄而去。更绝的是，就在我们以为它已经远离我们而去时，它双翼一振，翅膀一斜，一个漂亮的空中转身，恰似乌云蔽日又向我们的方向直袭过来。这样近距离看林雕，就像是大热天汗流浃背的时候走进冷气十足的房间，真的会凉爽到一个个毛孔里。此行再无憾事矣！

然而就像之前每次观鸟一样，惊喜之后通常还会有"甜点"。那是一只悄然飞入视野的蛇雕：它尾羽上玉带横呈，在长空缓缓飘过。

青山蜿蜒，碧水绵长，我们六人一路欢歌，道不尽心中的惬意。

回吧！就算看不到莺、雀、鹛或鸦又有什么关系呢？一只猛禽就够了，何况我们已经如此享受！午餐依然是山里的珍馐，而怀着喜悦的我们吃得肚皮鼓鼓的，喝得眼睛眯眯的，然后才发觉腿肚子都早已是酸痛酸痛的。

两天的行程，本来是想来避暑逍遥的。可都怪这些鸟儿，让我们闲不得，到最后要说不累那肯定是假的。然而，这就是鸟人的生活啊——累，却永远快乐着！

后记：这是最初写于2009年的观鸟游记。我第二次遇到"稻子"是在2018年10月的广西观鸟比赛上。我应邀去做评委，而此时"稻子"已经博士毕业，并进入中山大学的博士后流动站继续从事鸟类学研究。大家相逢一笑，感叹光阴如梭。

银川贺兰山苏峪口
——山高谷深藏暑雀

> 沿途峭壁嶙峋,但植被愈加丰富
> 崖顶甚至郁郁葱葱有万千松林
> 原来,这才是贺兰山的真颜

一车人齐刷刷"哇"地一声惊叹,贺兰山,一下子弹到眼前。

时逢8月,刚抵达时白杨树列兵般地在道路两旁,一切都绿意盎然。忽然间,其他什么都没了,只剩下一座大山赫然支棱在正前方。这山几乎没有植被,如同一个油尽灯枯的巨人轰然倒地,只剩下嶙峋的骨架和苍灰的面容。山下是一望无际的戈壁,乱石遍布,就连荆棘与杂草也生得零零落落。

这就是贺兰山么?当年铁骑踏破、万人厮杀的古战场?身后的"塞上江南"银川已不见任何踪影。抬眼望,此山无言,棱角分明,面无血色;回眸看,戈壁长风冷漠如刀,疏草雌伏,滚石战栗。这里的荒凉超出了我的预计。那些光秃的山石在夏季的烈日和冬季的冰雪交替折磨之下,会不会觉得疼痛难忍,这才纷纷裂成碎骨,又在春季随着融雪的洪流冲出大山的沟壑,委身在茫茫戈壁?

在贺兰山前,大西北的荒凉第一次如同针扎一般,被生生地推进了我的心里。心底有一丝慌乱,脑海中有二分茫然,嘴里发出三声慨叹之后,我们只剩下相视无言了。

这就是贺兰山的全部么?所幸不是。

车过苏峪口,渐渐进入贺兰山的腹地。原本的萧索渐渐退去,点点绿意开始滋生,那是低矮的山榆沿着起伏的岩石艰难地生长着。它们宛如山体上的横纹,虽只有寥寥数道,却已令人生出希望。几只岩羊的出现让车上的众人忍不住欢呼起来——生命之美好,无需言语的教诲便可深深体会。

再往里,沿途峭壁嶙峋,但植被愈加丰富,崖顶甚至郁郁葱葱有万千松林,原来这才是贺兰山的真颜!

索道临空,面前绿海莽然,身下林遮万壑。然而一回首,山口的那几座荒山依然刺目,时时提醒着这贺兰山所经历的沧桑。我们沿着山路慢慢爬到兔儿坑,一路听到几声鸦叫,看到几株闪亮的红果,以及山榆、山槐和无处不在的松林。风声掠过,如呜咽似悲鸣,这声音是对历史征战的铭记,还是在为那些光秃的山峦哀悼?

兔儿坑是位于半山的一个凹地,再往上就是贺兰山国家级自然保护区的核心区了,游人必须止步。我们来到此地是想看鸟,止步于此,虽然遗憾,但还是觉得忍住继续攀爬的欲望为好。毕竟少一分打扰,里面的鸟

贺兰山风景

兽们才能多一分休养生息。

即便止步在保护区的核心区外，贺兰山还是向我们展现了它精彩纷呈的一面。这不，一旁的山坡上鸟影不断，虽然它们"呼"地飞起又急速落进密集的灌丛里不见了踪影，但足以对我们形成强烈的诱惑。可还没来得及走去瞧个仔细，同行的陈哥又发现一个怪异的小家伙在远处的一株松树上——黄色的腰身，既不像金翅雀，也不是某种蜡嘴雀。无奈距离遥远，它就是个小小的谜团，任我苦思冥想也琢磨不透。我们还是去琢磨在灌丛上空飞舞的那些小鸟吧！没想到啊，竟然还是懵！这些鸟全都是灰突突的，疾飞之下根本无法辨认细节。学艺不精，认栽认栽！

奇妙的是，当我们将目光从这些细枝末节上移开，倚石斜靠，远眺山谷层峦，近弄苔藓小花，风带微凉，见鸟不辨的苦闷竟然随着两腿酸劳的减退慢慢地消失了。

鸟儿似乎也能觉察这份宁静。那些灰突突的鸟儿终于召唤来了它们的爱侣———一只雄性白眉朱雀，灿亮地渗着玫瑰红的白眉弯若柳叶，胸口一袭红衣在麻色背羽的映衬下如一汪葡萄美酒，充满了无尽的诱惑！与它们短短几秒钟的对视已让我们心潮澎湃。

那远处的黄色"小谜团"也飞到近处的松枝上，同样带上了它的情郎——身披红袍的情郎！这下看清楚了：它们拥有一副奇特、左右交错无法闭合的弯喙。正是这"合不拢嘴"的嘴，让它们可以轻巧地将松子从松果里挖出来，然后吃得嘎嘣脆。这枝头上一红一黄、一雄一雌的两只红交嘴雀相向而立，时而低头觅食，时而相对而鸣。得见此情此景，我们简直要手舞足蹈，就连山风的呼啸声听起来也是一曲欢歌。

此番贺兰山观鸟行没能将贺兰山红尾鸲和贺兰山岩鹨这两种当地最具特色的鸟儿收入囊中。记忆里，嶙峋的崖壁、高耸的石门、奇异的怪石、倔强的青松，再加上谷底几近干涸但依然时隐时现的水道，共同构成了好几种红尾鸲和煤山雀的快乐家园。一只黑头䴓绕着古树上下前后快速移动，全然不在乎我们的情绪被它时隐时现的身影弄得焦灼不堪。还有甘肃柳莺和褐岩鹨，它们也用各种躲闪调戏我们——它们越是不愠不火，我们越是哭笑不得。不过，鸟虽不多，但也足矣。

贺兰山的樱桃谷此时并没有樱桃。绿色再次退却,峡谷里大片黄土纵裂,硕大的荒石散乱。风光丝毫谈不上迤逦,却正因为如此,这个峡谷显得浑然雄壮,让行在谷底的我们明白人之渺小,以至于走得久了,不免生出惶恐,盼着要生出翅膀,冲向抬头望见的那一片小小的蓝天,好赶紧逃离这贺兰山的千古桎梏。

岳飞写《满江红》的时候,贺兰山是今天这副模样么?我很想知道。也许,代代相传、南来北往途经此地的飞鸟们知道。遗憾的是,它们并不打算告诉我。

快出峡谷的时候,路旁道观与佛寺一左一右;山口建于西夏的拜口寺双塔,八角密檐高耸入云,亦是东西对峙。或许,这种对峙正是贺兰山的常态,就像此地的平地与山峦、戈壁与森林,以及历史上无数次中原与塞外的博弈……一群岩羊悄无声息地出现在路边的山坡上,它们是贺兰山最忠实的原住民,在它们长方形的瞳孔里,究竟曾看到过什么?

也许有一天,等我走过上下五千年之后,我会回到贺兰山,带着属于我自己的答案。

婆源石门村
——江洲夏日迎雀舞

> 夕阳的余辉在林间如万道金色的琴弦
> 正被众多飞鸟的翅膀不时地拨动，奏着梵音妙曲
> 你若不是个"鸟人"，怎能听得出它的诱惑

石门村是一个惊喜。

石门村在月亮湾背后。站在公路上俯瞰月亮湾，远山如黛，沃野横呈，近水回旋；形似新月的草洲上，柳丝如云，黄花缤纷，让人很想"扑通"一下跳入清流，然后爬上江洲，去撒个野，打个滚儿。

我们到了石门村后，和老板娘打了个照面，连农家乐的房间都没进，在客厅放下行囊便拿上望远镜，急匆匆地绕到村子后的鸟点*去观鸟。

此处鸟点其实是一片碧水环绕的江洲，一半是树林，高高大大如千把翠箭被后羿遗落在此；一半是茶园，绵延不绝一大片如碧波起伏。鸟点周围还有一小片开满星星点点小花的草地和几汪浅水。若是平常，这江洲走一圈也就四十来分钟。

从村子到江洲要穿过一片竹林，再过一座小桥。河边洗衣的妇人们很热情，打个招呼，或者不用言语，只微微笑也很好。眼前的景致很美，只是我们已经顾不得琢磨这暮色是如何被水中的涟漪层层润染，因为远远地便看见夕阳的余辉在林间如万道金色的琴弦，正被众多飞鸟的翅膀不

---

* "鸟点"指观鸟时目标鸟种相对比较集中、出现概率较大的地方。

时地拨动，奏着梵音妙曲。你若不是个"鸟人"，怎能听得出它的诱惑？

黄喉噪鹛*是这里的主角。当那些摄影爱好者嫌弃光线不好而纷纷撤离之后，这些美丽的鸟儿终于可以放松神经，落到地面上觅食或者寻找巢材。我们坐在林下的草地上，静静地看着它们就在自己的身边忙碌，仿佛彼此是家人一般惬意。不用望远镜就可以看清它们额头上那一抹亮蓝色有多么璀璨，如新月之舟，徜徉在闪烁的星河中。

噪鹛虽然聒噪，依旧比不了灰卷尾的嗓门狂野。有趣的是，尽管灰卷尾素来以凶悍著称，此时虽然在林子里互相驱赶抢地盘，却并不曾骚扰身边的黄喉噪鹛。或许灰卷尾也知道这黄喉噪鹛虽然低调，可也是火暴脾气，若真遇到敌人上去就是一顿群殴。惹不起！

石门村的黄喉噪鹛种群数量在50只左右，中国科学院的专家在这里研究它们已经好多年。按照当地人的说法，数量不但未见增加，反而一直在减少。至今黄喉噪鹛的越冬地还是个谜**。对林鸟的卫星跟踪比起沿海迁徙的水鸟困难得多，经费问题就算解决了，设备也是个难题：那么小的鸟，装一个无线电发射器的话就别指望它能飞多远了；虽有可植入体内的微型跟踪器，可电池无法支撑太久。最关键的是，野外抓捕容易对鸟类造成伤害，而黄喉噪鹛的数量实在太少，死一只都是无法承担的损失。于是，我们只能在春夏之际来这片林子里欣赏它们的美丽。得益于对黄喉噪鹛的保护，这片江洲也为很多其他的鸟儿提供了理想的栖息之所。

这里的大树很多，其中河边的枫杨像一个个耄耋老者。啄木鸟也很多，我还是第一次在同一个地方站着不动就将大斑啄木鸟、星头啄木鸟和灰头绿啄木鸟都看齐了。林子里回荡着它们尖锐的叫声，以及用喙敲打树木的"哪哪"声。正是育雏的季节，啄木鸟亲鸟们频繁地从树洞中进出，由一棵树的树干自下而上搜寻到树冠，再换一棵，直到嘴里衔满肥硕的虫儿，然后横穿树林飞回去，给在家中嗷嗷待哺的小家伙们送去一顿美餐。

---

* 据最新的鸟类学研究，婺源地区的黄喉噪鹛更名为靛冠噪鹛。
** 本文撰写时间较早，当时鸟类研究者已经发现了靛冠噪鹛的越冬地，但出于保护的目的没有公开。当地政府在石门村建立了保护小区，在靛冠噪鹛的繁殖期禁止非科研目的人类活动进入。目前婺源地区靛冠噪鹛的种群数量已经增长到数百只。

阳光透过靛冠噪鹛繁殖处的树林

林中的鸟儿谁最美？黑枕黄鹂当仁不让。

就连黄喉噪鹛的那身黄与它相比都显得稚嫩。那是萃取了阳光的、耀眼的、绚烂的金色，又隐隐地映着树林的绿光。动人的歌声从它们那粉色的长嘴里倾泻而下。它们在树冠上欢歌，相依相偎，形影不离。

那么，最酷的是谁呢？

走在树林里，林木高大葳蕤，可以透过绿色的华盖窥视蓝天，那些叶子透着亮的翠；脚下的草儿有一种醇浓的碧，让人不忍踩踏。出了林子，豁然开朗，一排排茶树如叠浪排开，零星的几株乔木好似海上风帆。不知道从哪里飞出来一只赤腹鹰，忽然从我们头顶掠过。它也是刚发现我们的存在，竟然特地回了下头，仿佛是在向我们颔首问候，然而两只圆润的大眼睛里似乎又满是疑惑。我们，则对它鼻子上珊瑚珠般的红色好奇万分——这是吸引"妹子"的新化妆术么？

顺着赤腹鹰飞去的方向，我们的目光落在林间的一小片空隙当中。我的天！那树枝上一动也不动、站得直直的圆脑袋的家伙不是鹰鸮还能是什么？如果说看到赤腹鹰就像是买彩票中了一辆自行车，那邂逅鹰鸮简直就像是抽奖得到一辆豪华轿车。

黄色的眼底间棕红色的瞳孔炯炯有神,纵纹如墨点顺着胸口肆意倾泻而下;阳光透过绿叶,将我们内心的炙热都融化成了金色的釉彩涂满它的全身。这只鹰鸮就像是一尊来自希腊的神祇雕塑,静候我们走到它的脚下,然后露出臣服的目光,为它倾倒。可它却并不为我们的仰慕所动,至多给我们垂目一瞥,让我们在卑微的自我陶醉中,胆怯地一次又一次偷偷地去看一缕缕清风拂过它熠熠生辉的羽衣。

河流绕着林子静静地流淌,这里还藏着些什么?

如同天空中轻轻划过的云彩,是什么让它张开了黝黑的翅膀,悄无声息地远去,像一片乌云笼过对岸的芦苇?黑鹳,神秘而优雅的鸟儿,如夜的女皇,在这静瑟如镜的河流上空投下它高傲的身影。与数年前在合肥大蜀山下的湿地里一样,它依然只给我留下一个背影,但这又有什么关系呢?这个地方已经给了我们太多的惊喜。我想我不能奢望过多,否则就算是上天也不会原谅我的贪心。

一对鸳鸯,雄鸟的华丽与雌鸟的朴素交混着,从河道的拐弯处静静地游向我们。涟漪在它们的身后渐次展开,如同这么多年观鸟所带给我的欢乐——轻微,却绵延不绝。

这个晚上,我们让老板娘做了一顿丰盛的大餐,可就连红烧肉也塞不住众人兴奋谈论的嘴。毋庸置疑,第二天凌晨4点半,当我们在四声杜鹃嘹亮而喋喋不休的叫声中拿起望远镜,穿过浓雾轻绕的黛瓦粉墙,搅落无数微凉的露珠,再度奔向那正被第一缕阳光亲吻的树林时,你应该不会觉得有什么奇怪了,对吧?

鹰鸮(WINE 摄)

鸳鸯（雄鸟）

临夏莲花山
——木蔚草滋夏正好

原本寂静的山谷
被爬上山脊的阳光轻轻地一吻
立刻就鲜活起来了

八度保护站附近的小故事

  莲花山很大,犹如大地上涌出的一朵巨大青莲。莲花山下的小镇很小,小到白天二楼连水都供不上。可到了晚上,小镇上广场舞的热闹劲儿不输给大都市。也许,当物质基础相对匮乏时,精神上的简单快乐便会触手可及吧。

  现在是正午,我在莲花山半山腰的八度自然保护站。似乎是烈日让我几乎放弃了观鸟,但其实是我看够了。

  在这里,前前后后也就一个小时,银喉长尾山雀就从我心中的萌宠变成了懒得再看一眼的"熊孩子"——到处都是它们,拖着长尾巴满山晃悠。即便有着人畜无害的可爱脸庞,银喉长尾山雀仍然让毫无戒心的观鸟者头疼不已——它们混在各种鸟群里抢镜头,令人头晕脑涨。原本打算仔细分辨一下这里的各种柳莺的心思全都没了。也好,反正也不容易分清楚。

  朱雀也很多。不少种类的朱雀似乎都有一些神经大条,要么压根不见人,要么跳在你眼面前让你看个够。可眼前这一只纵然美艳如春花,你

莲花山主峰

倒是动一动换个姿势啊？5分钟纹丝不动实在是有些腻味好么？！后来我明白了，这只白眉朱雀大约是为了给背后那只赤朱雀打掩护。可是，就凭赤朱雀那一身透着橘色的娇嫩的红，在绿色的森林里虽然比不上血雀那么引人注目，那也属于"集万千宠爱于一身"的鸟。单纯且天真的白眉朱雀啊，你何苦白费力气为他人作嫁衣裳？

赭红尾鸲一直站在保护站门口的石头上大喊："热啊—热啊—热啊！"太有同感了！你瞧瞧我，本以为这里海拔高会很冷，穿着抓绒衣上的山，如今已脱得只剩下短袖短裤了。环颈雉就在脚边的麦田里窜，估计也是热得受不住了，憋不住心一横，猛地飞了起来，拖着帅气的长尾巴，将阳光滑成一道彩虹。可惜，这"彩虹"招不来一场大雨。

灰头鸦的成鸟黑头棕身，一副镶着大金牙的市侩脸。它不仅不怕人，还带着幼鸟在农家院里扫荡，带着一种"有便宜不占白不占"的沾沾自喜。灰背伯劳的幼鸟扇着羽毛并不丰满的翅膀，在树枝间努力地攀爬、跳跃，嘶叫声里透着一丝不安——它毕竟还小，"恶霸"的本性未现。

一只鸟儿跳到路边，屁股撅得高高的，看不出有什么明显的特征。好在距离近，顺手拍了几张。我觉得体型和姿态有些像白腹短翅鸲，但羽色无论如何看不出端倪。于是找人问，竟然也没有敢确定的。后来是一位曾经长期在八度保护站工作的鸟类学博士一口咬定说："就是白腹短翅鸲。"翻了翻资料才知道，这种鸟真是奇葩：雄鸟从亚成体到成年有好多种过渡色型，还有延迟发育的情况混在其中，迷惑过不少人。

在八度我遇到中国科学院的一位博士研究生在张网捕鸟做环志，便问他要研究哪一种鸟。他说是灰头鸫。我问这种鸟那么多，有啥好研究的？他说稀罕的鸟都被前人研究完了，他只好研究菜鸟。其实我和他都明白，菜鸟并非不值得研究，只是看上去没有那么高大上，也不容易获得经费支持罢了。然而，"不积跬步，无以至千里，"学术若太功利，就没什么意思了。

他请我去站里坐坐，而我因为还想观鸟就婉拒了。我慢慢走下山，沿途的溪边是红尾水鸲和白顶溪鸲相互斗艳的地方；村口的黑头金翅雀主动飞来给我做向导；黑头鸫在路边的树干上表演杂耍，看得我有些入迷；银喉长尾山雀也纷纷跑来围观——这些爱凑热闹的小家伙，真是哪里都少不了它们！

回到莲花山下的小镇，开了空调睡了个下午觉。电话响起时，徒弟小拜和他同学王杰正往莲花山赶呢！

森林里的斑尾榛鸡

自从6月在新疆偶遇小顾之后，就被他整天"放毒"，说莲花山的鸟况是多么多么好，斑尾榛鸡简直就是人人可见的大路货，等等。想起若干年前在甘肃省碌曲县境内的则岔峡谷，我为了寻找斑尾榛鸡钻到雨后的林子里，结果被大噪鹛调戏得浑身湿漉漉狼狈不堪，似乎真没有不来莲花山的理由。此外，这次原本计划去西藏的，因为小拜的假期一而再进行调整，最后彻底泡汤了。所以大家一合计，决定干脆先来莲花山看看鸟再说。

至于后面的行程？商议着来呗——有大把空闲时间的人生就可以这么任性！

见面，拥抱，喝酒，吃羊肉。手抓的，黄焖的，做成汤的——加上小顾

黑头金翅雀

共四个人实在吃不下了,才踏着夜的凉风回去睡觉。

第二天天还没亮,宾馆老板就被我们"咚咚咚"地锤开门结账退房——没办法,观鸟要趁早。

原本寂静的山谷被爬上山脊的阳光轻轻地一吻,立刻就鲜活起来了。风开始吹拂,原本呆滞的纵横阡陌迸发出惊人的活力。

赤朱雀又出现了,尽管还很远。倒车镜里,环颈雉就在身后,可等不到我们下车,它就在公路的拐弯处消失。小顾已经在车上叨咕了很久,让我们快一点,不要在半路上浪费时光,可我们并不理睬他,直到他放了大招,说:"我带你们去找鬼鸮……"

王杰立即油门一踩,车在盘山公路上"飞"了起来。

一个小小的木牌指向路边的林间小路。尽管此处距离中国科学院的科研站已经很近,我们还是迫不及待地将行囊扔在路边,一头钻进树林里。

这是一条鸟类监测路线。高大的云杉树上标着数字,地面上勉强有条小路,厚厚的杉针踩上去弹性十足。我的脚下涌起一阵冲动——对,就是那种七八岁的小朋友边走边跳的冲动。我们是大自然的孩子,所以在大自然面前可以没羞没臊,快乐到忘乎所以。

林中的光线比公路上暗了很多,但依旧明朗,因为有晨光——一个个明亮的光斑像球一样纷纷被扔了进来,带着丝丝的温暖。地面上,蘑菇从落叶层中冒出了头,贝母开得像一盏盏精致的铃铛,吸引我们俯下腰身。本想凑过去给它们来个特写,却不小心被露珠碰得满鼻子的冰凉,还引来一长串细小而急促的嘲笑声响彻枝头。

你这只甘肃柳莺,莫得意,其实这是我们引诱你出来的小计谋呢!它显然不太服气,从密匝的枝丫后跳到我们的眼前,将自己从背光处的一个"小黑煤球儿"变成顺光处的一个"小绿蛋儿",气鼓鼓、圆不溜丢的,嘴里还是不肯停歇——要和我们继续理论、对质。

小路并不长。鬼鸮的人工巢箱尽管位置隐秘,仍然被我们很快找到。可惜,鬼鸮并不恋家。路那头走来一位脖子上挂着望远镜的鸟友,我们微笑着打了个招呼,彼此简单地问问了各自的收获,没有多言就各走各路了。莲花山在观鸟圈子里大名鼎鼎,一年四季都不缺造访者。话说"天下

鬼鸮曾经利用过的人工巢箱

鸟人是一家",若在平时,鸟友相遇少不了要好好交流一番。只是今日时间有限,目标鸟种尚未收进囊中,我便顾不得那么多,继续找鸟要紧。

我们来回走了三四遍,仍然无果。小顾忽然说他当时是冬季在这里看到鬼鸮的。我还指望他带我去看斑尾榛鸡,于是就忍住了没"收拾"他。鬼鸮本不在我的预期之中,谈不上多失望,而斑尾榛鸡就不同了。我跟小顾说得很清楚,看不到斑尾榛鸡,他就在林子里等我们给他送晚饭吧。"压力山大"的小顾想了想,决定带我们先去找斑尾榛鸡的生境——我很满意!

我不爱去一些所谓的固定"鸟点"看鸟,因为缺少发现的乐趣;对"迷鸟"的兴趣也不是很大,因为不是鸟儿的正常环境,很难看到它们的本性;对诱喂就更没兴趣了,它们所有的动作和姿态无非就是埋头苦吃,能有什么意思?我喜欢在原生的环境中发现鸟类的欢愉和自由自在——尽管它们警惕的眼神依旧,但底子是舒适的,也是闲淡的。在它们梳理羽毛的那个瞬间,你会发现美好与幸福会凝固,令时光完败。

斑尾榛鸡喜欢待在云杉与柳树的混交地带——虽然是"榛鸡",但是柳芽儿却是冬春两季它们的主要食物。只是这些柳树都生长在谷底的溪流边,云杉林里虽然不比热带雨林那般灌丛密布,但是林下的草本植物却同样生得莽实。我们寻着忽隐忽现的流水声,踩着没过小腿的绿草缓缓而下,还不时地抬脚跨过倒下的树干,甚至偶有滑跌也在所不惜。这些黑褐色的巨大树干已经死去很久,却孕育出了一大波苔藓、地衣和真菌。林间稍微开阔些的地方,紫色的龙胆花像从夜空坠落下来的星星。

地上有斑驳的羽毛,毋庸置疑这就是斑尾榛鸡的家园了。可我却有点想放弃——柳枝儿太密,人如同陷入了牢笼,视线如困兽,如何看鸟?小顾不肯罢休,坚持继续往里走。拗不过他,何况我也不想真的等天黑了还来给他送饭,于是继续双手开路。才走了三五步,猛然一个黑影扑喇喇地从侧边飞到我们身后。还没等我们反应过来,那振羽声已戛然而止,森林里只剩下我们长长的呼吸声,还有涓细的流水叮咚。

转身,各自缓缓散开;屏住呼吸,脚步轻如鸿毛。我们有豹子般的耐心,斑尾榛鸡则对自己选取的隐匿处极度自信。这是一场较量,但更像是一场游戏。

眼前是一只成年的雄斑尾榛鸡。它卧在柳枝头,蜷缩成一根略有突

斑尾榛鸡(雄鸟)

兀的"枯枝"。尽管被我们打搅了午休的美好时光,它那红色的眼圈依旧带着睡眼惺忪的性感,只是下巴的围兜已经"脏"成墨色也不肯去洗。大老爷们这么懒惰么?我想看清它斑驳的尾羽,可唯一合适的角度必须弯着腿、勾着腰、仰着脖子——这场捉迷藏的游戏,究竟是我还是它赢了?哎,还真不好说!

小顾大为得意起来,并且宣称我们看到的"生境版"斑尾榛鸡比其他人看到的"公路版"要高大上得多。我先是很高兴地表示同意,然后说:"走,带我们去找鬼鸮……"

山顶的雉鹑

鬼鸮就算了,因为中午在中国科学院的科研站,小顾问了一下在此开展研究的方老师后回来说:"下午上山,山顶有雉鹑。"我并不知道那山有多高,否则中午就不会睡得那么踏实了。顺便说一下,午餐是用我们从山下背上来的食材自己做的。在这处简单而整洁的科研站里,我们几个身上仍然保留着的浓厚学生气彰显无遗,像是在青年旅舍里的生活,一切自在而美好。

吃午餐的时候,上午遇到的鸟友也回来了。谈话间得知与她同行的还有好几位鸟友,其中一个小伙子大清早就上山去找雉鹑了。

午睡起来,精神抖擞的我们向山顶迈进。在阴暗的云杉林里遇到了正下山的小伙子,拄着根木棍当拐杖,大汗淋漓,气喘吁吁。

"雉鹑?有!血雉?有!还有一种小鸟,像是黄胸山雀,但是我不确定。"

黄胸山雀是什么玩意?我和小顾都愣住了。我不知道就算了,小顾可是莲花山常客,号称"兰州第一鸟人"。赶紧翻书,还真有这货,模样简直就是灰蓝山雀的翻版!(后来我才知道,黄胸山雀其实就是灰蓝山雀的一个亚种,与其他灰蓝山雀亚种的区别是其胸口有点发黄。严格来说,"黄胸山雀"只是灰蓝山雀在当地的小名。)

小伙子说黄胸山雀的位置并不远,走出森林外有片草地,对面的林子就有,很近。谢别之后,我们的步伐加快了许多,而原本觉得有些微酸的双腿也攒足了劲。旋即,头顶的天便开了,云杉林成了我们身后的城堡。眼前果真是草地,往下百米处正是一片柳林。走,去寻那黄胸山雀!

慢着,你没见那山峰高得要刺破蓝天么?路漫漫其修远兮……

忘记说了,这山并不是莲花山,而是与莲花山相对峙的马车山,但两座山的高度相仿。不过,莲花山的山峰多是裸露的花岗岩,而马车山的南坡是如茵的草坡,北坡则是长得低矮的高山杜鹃林。自我们脚下至山巅的马车山皆为陡峭的坡地,只有羊肠小道可以提足而上,山峰附近则乱石如林,群鸦乱飞。雉鹑偏爱杜鹃林,非山顶难觅踪影。我们四个人一商量,时间有限,还是先上山吧。

爬山是件很无趣的事情,但脚下的风光足以补偿所有的辛劳。放眼层峦叠嶂,是无穷无尽的大地涌出的浪花朵朵。碧草如茵的陡坡虽然令我们举步维艰,却是骡马的天堂。牧人躺在蓝天下,跷着二郎腿数着白云,山谷边就是他们的家——与世隔绝,坐拥自然。

红隼凌空振翅悬停,而蓝额红尾鸲努力地用自己的色彩调剂着无边绿色的单调。红嘴山鸦落在地上抢食的时候像一群乌合之众,可一旦飞起来,翅膀驾驭长风,眼神桀骜不驯堪比猛禽。或许,在某些时候英雄与匪盗本就是同一种性格的不同际遇罢了。

还有最后垂直100米的高度时,我放弃了。风开始变冷,水也喝完了。小顾和小拜继续往上,我和王杰躲在一块大石头的背风处,大口喘气。先前碧绿色的世界已经隐隐泛出金色,西边的太阳还有一个小时就要落下去了。

停下来的感觉很好!身体里冲出惬意的一声长叹。望远镜里小顾和小拜尽管步履蹒跚,但终于登顶。风太大,听不见他们的呼喊。我不知道山顶是否雉鹑满地,也不清楚山那边是否有更壮美的景色。因为选择了放弃,所以无缘亲身感受这些。

遗憾么?人生在一次又一次的选择中的"得"与"失",真的有必要去仔细衡量么?知足常乐吧!有金光浴我,能看如画的千里山河,这些足够在梦里碰撞出一场绚烂的夜了,又何必遗憾?!

太阳西沉的速度比我们预计的要快,于是我和王杰决定先行下山。

下到一半的时候发现有一处背风的山脊,我们拐过去"放松"。眼前赫然有一片杜鹃林,隐约还能听到雉鹑在叫,又看到地上好几枚雉鹑的落羽,心底不禁有些懊悔:早知道守在这里便好,何必爬得那么辛苦?

转弯处石崖上有几株灌木,忽见一只褐色小鸟跳跃不已。一开始我们以为是褐头山雀,可等它忽然转过身来迎着落日,那胸口竟然五彩斑斓——不是会变幻的金属辉光,而是每一根羽毛都实实在在地有不同色彩。花彩雀莺!毫不夸张地讲,花彩雀莺是中国最漂亮的小鸟——它们就像圆滚滚的毛绒玩具落入七彩的大染缸里。这只花彩雀莺用红豆一般的小眼睛盯了我们几眼之后,似乎对我们提溜着裤子、张大嘴惊讶不已的模样感到失望,一转身窜到悬崖背后,任由我们望穿秋水,再也不肯出来。

落日已经泛红,我们这才注意到马车山以西的远方并非起伏的山峦,而是相对平整的高原地貌。光线驰骋其上,勾勒出青藏高原边缘的宏伟轮廓。莲花山是黄土高原向青藏高原的过渡地带,而大的地理环境交汇

马车山上雉鹑的落羽

站在马车山上远眺青藏高原

之地总能拥有丰富的生物多样性,这与交叉学科最容易有创新是同一个道理。中国科学院在此设置科研站,自然不是心血来潮的选择。

我不做科学研究,只醉心于眼前天地之大美,但那些科研站里的科研人员呢?当他们做完各种监测,在采集好复杂的科研数据之余,走在山路之上,面对云山之交汇、风花之娇媚,想必亦会心生喜乐吧。

小顾和小拜终于赶上了我们,阳光却在我们进入云杉林前的最后一刻被青藏高原吞没。在今天,黄胸山雀只能是个谜了。我们现在要考虑的是,如何在气温陡降之前走出这片黑暗中的森林。

还好这地方没有手机信号,一天下来手机很少开机,电量依旧充足。打开手机屏幕*,可以有微弱的光。天空中的明月尽管很难照亮森林,但也不至于让黑暗将我们彻底吞噬。路不算复杂,四个人的脑子都还好使,来时的几处拐弯都记着,树干上监测用的数字标示更是起了很大的作用,确保我们没有走错方向。除了在一个岔口走错了二三十米,一切顺利。当远远地看到森林外面科研站的灯光闪现,尽管我们都没有说话,心底却在

---

* 此次观鸟时,智能手机还不是很普及,多数手机并没有手电功能。

那个瞬间如释重负。科研站里,方老师和其他工作人员已经等得有些心焦了。

这不是一次很好的行动,我们必须反思。对时间和体力的预计严重不足,不仅未能找到目标鸟种,错过了可能的新发现,还差一点迷路和导致体温降低。幸亏这片高海拔的森林里夜行猛兽和有毒动物很少,否则真够我们受的。不过,能够重回温暖的科研站终归是让人心情愉快的事,方老师还特地杀了只鸡请我们吃。

在大山里值守20多年,青春与高山同在,晨昏有鲜花飞鸟为伴,听起来固然美哉,但这份坚守的不易不需太多的想象便能体会。科研不是浪漫,尽管可以浪漫。科研站里的硕士生、博士生来了又走,只有方老师一直在此,一砖一瓦都是他亲手搭建起来的。这个如今四周木蔚草滋的工作"站",其实,早已是他人生中的"家"了。站里有很多鸟类的照片,还有大家工作之余自娱自乐做的鸟类彩塑。若在都市里,我免不了要"洗劫"一番,但在这里,那些拙中见巧的小小彩塑是置身于此、于寂寞中坚持学

小拜在马车山,右前方是莲花山主峰(故疂 摄)

术研究的人们心中的一个个图腾,我又如何真的能厚颜"掠夺"?不过,我还是带走了一本方老师签名的书,书里,藏着莲花山诸多动人的秘密。

前面说要反思,但是困倦显然比反思的力量大得多,因而很快星空下的小屋里就鼾声四起。至于眼前为什么会亮,还用问么?当然是鸟儿们用歌声强行掀开眼皮的缘故啊!

第二天,我们在带着露水的山谷里,拖着因为昨日登山而依旧酸胀的小腿,湿漉漉地等着朝阳的临幸。据说这个山谷里有水鹿,当然,这消息还是小顾打听来的。

身为一个博士,小顾做事有一种我可以理解的执着。我反正打定主意要像昨日一样,走到自己累了就与他分道扬镳,所以随便他折腾:弯腰钻个树林,脚上踩一脚泥,那都不是个事儿。收获自然也有,比如在血雉用来过夜的窝里捡了好几枚落羽。对了,水鹿,有的有的,听到叫唤了。"呦呦鹿鸣,食野之苹"嘛!这一切果然是美好的回忆。

阳光终于来了。向山谷里望去,对面的山峰浮夸得犹如镀金一般,而那些原本不知道躲藏在何处的鸟儿开始飞过去朝拜。远远地,看不清模样,却感受得到它们急急忙忙前去簇拥的心情。

我们决定打道回府,在路上见了几只朱雀。疑似有一只暗胸朱雀,虽然颇为仔细地看了几眼,但后来想想很可能还是上周在西岭雪山错失之后,心底终究有那么一点不甘的臆想,便没有记录下来。

倒是一只凤头雀莺让我过足了瘾。2014年初在九寨沟见过这种鸟儿的,但那次不巧碰上阴天加逆光,看得并不舒坦。这次就不同了,虽然小家伙的屁股上仿佛装了个小马达,在枝头一刻也不肯停歇,但是光线好、距离近,无论是闪亮的银色小辫、栗赤色的腮红,还是涂满粉紫色的两胁都历历在目。当然,最妙的还是它的背羽,令宋徽宗一梦而痴的天青色汝窑也不过如此。这才是观鸟应有的享受嘛!直看得我们嘴角挂满笑意,连骨头都轻了。

或许出乎诸位"看官"的意料——我大费周折来莲花山这么一趟,只新收了赤朱雀和斑尾榛鸡,却不感到失望。一是原本目标鸟种只有斑尾榛鸡,二是风光之好足以怡情,而最关键的是我们此行才刚起步。新朋老

夕阳下马车山的山坡

友相聚，观鸟反倒成了次要的事情。小顾原本只是来陪我们在莲花山观鸟而已，结果不到5分钟，便被我们"忽悠"着准备取道兰州、西宁，直奔昆仑山……

那天下山之后，我回头看了一眼并没有登上去的莲花山主峰，可以确定的是：无论我是否还会再来，它都会继续盛开；那些生于此、长于斯的花草鸟兽还有人们，亦会不离不弃，静守年华。

秋之篇

　　秋色在一年四季中最迷人。或许这正是上天有意的安排，才让植物在凋零之前绽放出最绚烂的色彩。秋日的山野比春花遍布时更让人怦然心动。秋风瑟瑟送来的不仅是寒凉，还有那些像老朋友一样的候鸟们不变的问候。每当秋风吹过大地，原野再次袒露胸怀，北方的候鸟们纷纷南迁，无论是滨海湿地还是内陆的山林、河道，都遍布它们的身影。每到此时，我都会想：去年遇见的那些鸟儿，是不是快来了呢？

　　秋高气爽也是人们喜欢选择在秋天观鸟的重要原因之一。试想一下，春天的雾、夏天的雨、冬季的雪，哪一样不让身处户外的观鸟者头疼呢？所以，选一个晴朗的秋日出门去观鸟吧，至少你能收获同样明媚的好心情。如果你运气足够好，蓝天白云之下，千百只猛禽翱翔的壮观场面正在等着你！

秋天的银杏叶

广州白云山
——朝气蓬勃龙老太

> 都说"老小老小"
> 老太的笑容真的和小孩一般
> 怎么瞅都纯真得让人无法拒绝

龙老太也是个鸟人！白发苍苍，但消瘦的身材和脸庞透着一股精干之气。都说"老小老小"，老太的笑容真的和小孩一般，怎么瞅都纯真得让人无法拒绝。

秋风吹来了候鸟。早几日龙老太就说要带我去一个隐秘的鸟点，今天下午终于约好碰头的地点和时间。不过龙老太也是爱迟到的女人，所以她比约定的时间晚了一个小时。当她到达时，我正一个人在广州白云山下的云溪公园里像无头苍蝇一样转悠，心里可劲地琢磨着："隐秘的鸟点究竟在哪旮旯呢？"终于等到龙老太打电话过来说她到了，我就问："你在哪里？我去找你。"她说："好好，我在……哦，等一下，猛禽！猛禽！我要拿望远镜！等一下哦！……（半晌过去后！）你到桥上来找我吧！"电话挂了，我开始直冒冷汗——这公园里，有三座桥！

好在老太毕竟是鸟人，眼神绝对一流。没等我找她，她就找到了我。于是我们向那个神秘的鸟点出发。

显然，这鸟点并不在云溪公园内，而在白云山上。所以面对一道关闭的铁门，老太示意我小心谨慎，别让保安大哥看见。然后她快速带我冲上一旁山坡上的羊肠小道，绕到一个可以容得下我们钻过隔离网的地方。

说实话,我真的很庆幸自己不是个胖子。其实那个隔离网以我的身手爬过去很容易,但人家老太都选取了"瑜伽术"作为解决方案,我就不好太招摇了。

过了这个"关口",我们随即下到路面上。龙老太总是不停地告诫我:"小心!别让别人发现。"那路是柏油的,大约在半山腰,两边都是比较平缓的斜坡。斜坡上的林子比较密,地上是厚厚的落叶;路边各种美丽的小花开得星星点点。走在这样的路上,有些忘我的飘忽感是很正常的事情。我们还没有走多远,老太突然惊叫一声"快!",随即向旁边的斜坡来了个绝对标准的军体拳中的"侧滑卧倒"。无论是她的身手,还是那落叶被搅得"哗"的一声,在如此寂静的山林里都着实惊人。我目瞪口呆,急忙走过去问:"怎么了?"老太示意我压低声音,搞得我不敢大声言语,心里只是纳闷:"这究竟是看见什么好鸟了,需要摆出这样的姿势来观赏?"谁知老太一张口,便说:"吓死我了!有保安!"

嗨!

我于是前前后后看了看,哪里有什么保安的影子啊?只不过在远处

白颊噪鹛(林子大了 摄)

的关卡附近,有一个游人正隔着门向我们这里张望呢!老太在反复确认确实不是保安之后,爬起来讪讪地说:"你是年轻人。我老了,万一让人家逮到是要脸红的!"我一听乐了,憋了好半天才忍住,没笑出声来。

其实,即使有保安过来,说明情况,他们一般也不会为难我们这些观鸟者。若是误闯了那些要门票的地方,补票便是。老太说她很久没有来这里了,而以前保安给她的印象很恶劣,总是不让她们这些鸟人随便走。我说今天我也遇到保安了,不过没有谁来拦住。或许是现在观鸟的人多了,保安也见怪不怪了吧。

这个鸟点实际上就在路边——一个小小的峡谷,因为有泉水,成了鸟儿沐浴的地方。不过现在四周的植被实在是太茂密了,搞得老太差点没有认出来。去谷底的路也不好走,几乎没个落脚的地方。但辛苦就会有收获不是?这个小小的地方,我们还没有坐稳,就听见鸟儿的动静了。

棕颈钩嘴鹛、红头穗鹛、白颊噪鹛、黑喉噪鹛、黑脸噪鹛、淡眉雀鹛,一只接一只,一群接一群地轮番造访。黑喉噪鹛是我的个人新纪录;其他几种虽然见过,但都是城市里不常见的鸟儿。如此近距离看个真切,一时间,屏住呼吸的静默和内心深处的澎湃竟然能和谐共处。可惜我们去的时间太晚了,光线越来越差,否则好东西肯定还要多。

就在我们准备离去的时候,听到山坡上有踩落叶的声音正向我们这里逼近。听动静,显然是个大家伙。我的第一反应是猜想"会不会有白鹇"?不过那声音在接近我们10米左右的时候又逐渐远离了,而且步伐如此缓慢,让我忽然意识到这不是鸟类,而应该是某种比较大的哺乳动物。根据以往的记录,最有可能的就是俗称"黄猄"的赤麂了。现在想看野生哺乳动物比看野生鸟类的机会少得多。希望下次来能交上好运,亲眼看到它们。

回去的时候我们绕了一下路。山中的芒丛之间飞舞着许多鹎和莺,它们一起缔造着一场华丽而喧闹的黄昏交响曲。后来龙老太还带我去了上坑水库,将她在刚刚过去的夏季里发现的绿鹭繁殖地一一告诉了我。虽然当时天已经完全黑了,但水库边有很多垂钓的人,他们也在享受贴近大自然的乐趣。

很开心也很感谢能与龙老太一起观鸟。她的活力让我觉得连身边的空气都跟着活泼起来。

谁说秋色就一定是萧瑟的？谁言人老了生活便会变得无趣？人生与四季，各时皆有其精彩。作为一个鸟人，更是要如飞鸟一般，无论春秋冬夏，日日都要活得神采奕奕，与云霞共舞，遇良朋唱和才是。

来来来，都来学学这位龙老太，做一个打心底开心、性情自然流露的人。

广州从化溪头村
——南国秋色亦撩人

> 我们与鸟儿的距离是如此之近
> 已不再需要望远镜
> 那雀跃的欢快迎面扑来
> 直落在心

一出广州市区，空气便立刻凉了起来。都市的水泥森林刚刚被甩在身后，碧水青山已在眼前展开画卷。车开得飞快，饶是如此，亦无法阻挡夕阳的沉去。暮色浓郁，那些山转瞬便只剩些模糊的剪影。但是，这便足够，那剪影里传出的信息已在我心中呐喊："逃出来了，总算逃出来了！终于逃出来了！"

一起逃出来的还有身边的一些朋友。路上有说有笑，话题五湖四海，唯有两个禁忌，那就是"莫论公务，不谈赚钱"。车沿着山路左转右旋；仰仗着司机的高超技艺，一次次有惊无险的经历让大伙不时发出惊呼和欢笑。等车戛然而止，一座犹如古堡的山庄仿佛突然间冒出来，在星光下展现在众人面前。

山庄位于一个丁字路口，左边是我们来的路，右边是去溪头村的方向，正对的那条路则在青山起伏与水波浩淼之间，不知伸向何处。山庄内分为两部分，第一部分是一亩见方的庭院，中间有个小水池，几条锦鲤悠闲地游着。在四周包房外的回廊上，挂着大红的灯笼。在一个四角亭和一个爬满紫藤的长廊中间是石头垒的台阶。沿着台阶向下，再过一座小桥,便是山庄的第二部分——几栋供游客住宿的二层小楼。小楼虽然谈不上雅致,却也整洁。数株芭蕉、几丛梅桩在房前屋后点缀着,生出幽幽之意。山庄的两个部分,连带着那座桥,又将十亩左右的一汪池水半抱在怀里,对岸则是叠影重重的矮丘,如同那池水最忠实的卫士,为爱默守。

我们想走走夜路。于是在安顿下来后,披上衣服带上手电,沿着山庄正对的那条路来一次夜行。

真静!连虫儿的低吟都很少,不说话的时候只有我们自己的脚步声。路的一边林木森森,另一边是泛着星光的水痕。我们的手电筒几乎没有用处,索性关了,让黑夜来得更彻底。被裹在黑夜里面的我们,听觉、瞳孔,甚至是身上的毛孔似乎都被放大了,可以更加细致入微地感受这繁芜褪尽、万物皆宁的美。

水潭秋色

渐渐地，我们可以分辨出那细微的窸窣声究竟来自何方。脚旁的落叶堆、水边的芦苇、头顶的树梢，以及山背后的世界，都有声音传来。仰头望去，越来越多的繁星灿若宝石，闪烁不停。它们仿佛就挂在树梢，让任何人工装饰出的圣诞树与之相比都黯然失色。

当我们走到一条长满竹林的山壑旁时，起风了。到底是秋天，风颇有寒意。相较于广州市中心每天的燥热，不得不感叹如今的四季真的只有在远离市区的地方才能有所感觉。这风介于轻柔和彪悍之间，于是，壑底的溪水潺潺与竹叶摩挲宛如落雨的沙沙声相映成趣，夜忽然就这样喧闹起来，却又渗着说不清的寂寥。

据说今晚有双子座的流星雨。只可惜渐有白云随风而至，云儿虽薄淡，可那些星光想来是宇宙间最纯洁之物，受不得半点浑物遮挡，终是星空隐约，银河黯淡。我们也只好放弃仰脖朝天，找块石头静静地坐下，继续沉浸在与山水的相顾无言之中。

晚上睡得很香。梦里，屋外的梅花开了……

那梅花果真开了，叫人四季莫辨。

次日凌晨，天色迷蒙。太阳还没从山后爬出来，池面生起柔纱般的雾，笼着一旁的丘陵，一切都缥缈得很。那梅花的香带着特有的浓烈，穿透秋寒，仿佛是被强行推入肺腑的一管振奋剂。不过观鸟需行早，来不及仔细领略梅香之妙，我、金蛋蛋、吴白白、老陆已被屋后传来的阵阵鸟鸣勾得心弦舞动了。

远东山雀是喧闹的晨练者，普通翠鸟是勤劳的好伙计。白胸苦恶鸟在对面岸边踱步的神态非常悠闲，斑嘴鸭的游姿不失惬意。只有小䴙䴘不知为何突然惊慌失措地在湖面扑打翅膀疾驰起来，留下一串串迅速荡开的涟漪。灰头鸦自遥远的北方而来，自然对身边的一切都很好奇，去黄腹山鹪莺的家串门，到纯色山鹪莺的门口走走，彼此叽叽喳喳地问候着，真是礼道周全的好邻居！

鸟儿大多喜欢自娱自乐，赤红山椒鸟却偏偏喜欢集体亮相，而且一上场就颇有些皇家卫队的派头。30多只赤红山椒鸟带着东方的第一缕阳光，"呼啦啦"从土丘背后冲上天空，在竹林的上层欢歌曼舞。一时间满眼

红嘴蓝鹊

灿金与赤红*交相辉映，硬生生把朝阳都给比了下去，而那些翠绿欲滴的竹叶成了这份灵动最完美的映衬。我们与鸟儿的距离是如此之近，已不再需要望远镜；那雀跃的欢快迎面扑来，直落在心。四周的雾气也被这欢快感染，忍不住摇曳起来，结果须臾间竟将自己摇散殆尽，阳光顷刻间铺满大地。可就在这生机勃勃之时，那些赤红山椒鸟儿又神秘地一下子隐遁不见，空余一大丛碧竹，在蓝天下颤动不停。

老陆曾经来过这里。他说不远处的村庄别有风情，于是我们四人欣然前往。逆光而行虽然不利于看鸟，但并不妨碍我们在开阔的湖面上空发现红嘴蓝鹊飘逸的身影。水库中的小岛上，光秃秃的枝头挂满了火红的柿子，红嘴蓝鹊停落其上——红与蓝相得益彰，令这个山间的秋晨越发绚丽。

秋色不仅仅染红了柿子，还变幻出多彩的乌桕叶、挂满枝头的金橘，以及其他奇奇怪怪的果实。红的、黄的、紫的、橙的，风用斑斓的落叶为脚下的小路镶上彩边。鹊鸲、八哥、棕背伯劳、灰鹡鸰等鸟儿纷纷从身边飞过，之后停在田间的电线杆上，或者又没入沟垄。蝴蝶们还有些瑟瑟发抖，阳光才晒干它们翅膀上的露水。此时的原野，只有几朵雏菊和扶桑悄

---

* 赤红山椒鸟的体色是雄鸟赤红色、雌鸟柠檬黄色（阳光下看上去如同"灿金"）。

悄地开着。毕竟,秋季的主角是沉甸甸的果实,而不是美丽的花儿。

村口有一家豆浆店,可惜主人一早出门了,我们没能喝到现磨的豆浆。这家的狗儿很温顺,主动贴过来在我身边撒娇,让一贯怕狗的吴白白松了口气,也忍不住伸手摸了摸它。院子里有两株黄色的蝴蝶兰,这是在都市里卖价昂贵的品种,在这里只是偏于一角静静地开放,静静地等待凋零。然而,无人赏识又何妨?美丽天成,自会遇见有缘人。

村里的房子很特别,大多是用石头直接垒起来的。与我见过的多数村子不同,这里的道路非常整洁;薪柴都被捆扎好,在家家户户的门口整齐地摆放着。早饭的香气顺着各家各户的烟囱正往外飘,诱惑着我们并不坚强的胃。顺着各家敞开的大门望进去,里面的家具都不错,看得出这是一个较为富庶的村庄。更难得的是,村民没有砌高楼、贴瓷砖,而是将传统的民居保留了下来。虽然有盖新房子的人家,不过依然遵循老式的建筑方法。

村庄背山而建。两条溪水穿村而下,汇入远处的水库。村子的最高处是一栋已经废弃的古老碉楼,原先它大概还兼有祠堂的功能。门口的牌匾上写着"紫金里"三个大字,但用的是舒体,显然是后人写上去的。

祠堂后是个庭院,墙上20世纪60年代的标语依稀可鉴,拐角圈着几只芦花鸡。再往里是个天井,左右各有一间小屋;屋内光线很暗,仅在对着天井一侧的墙面开了扇小窗,窗格为陶制,呈竹节状。然后就是大殿,殿北的两端各开一扇门,上书"兰香""梅芳"四字。过了这门,便是碉楼了。碉楼分两层,用大约5厘米厚的大木板隔开。楼梯也是木头的,踩上去略有颤动;陈年的积灰满落其上,却也意外地镌记了我们的足迹。碉楼上层很黑,只有四个外小里大、漏斗形的窗,窗的外口径不过15厘米宽、30厘米高。墙壁大约半米厚,外表是用灰泥浆砌着的青砖。人在其中,好似待在牢笼里,匆匆一瞥我等便赶紧离开。毕竟,现在的碉楼外已经没有土匪,而是一片阳光灿烂的世界。

村后大片的橘园里,硕果挂满枝头,让我们忍不住偷偷摘了两个尝尝鲜。遇到看园子的人,虽然他不恼,我们倒不好意思起来。山泉水被引来浇灌这些果树,树鹨、长尾缝叶莺、黄眉柳莺等乘机过来饮水。虽然都是常见的鸟儿,可看见树鹨我还是特别高兴,总觉得这些候鸟就像久别重逢的朋友,见了亲切。

回到村里的时候,忽然听到爆竹声震天响地。一支行进的队伍喜气洋洋,锣鼓喧天。两个胸戴大红花的小伙子走在队伍的最前面,胸花上有四个烫金大字——"光荣入伍";左右紧随的是他们的笑容洋溢的父亲们。与他们的父亲相比,两个小伙子反而有些局促,似乎不大习惯这众星捧月的感觉。未来的部队生涯和人生之路究竟会是怎样?此刻在他们心中,大约是期盼与迷惘交集吧。

我们放慢了脚步,专等他们走过好一段时间后才重新上路,因为那股子热闹劲肯定把沿途所有的鸟儿都吓得没了踪影。回程的路虽然和来时一样,但因为鸟儿的不同,所以绝不单调。不仅不单调,甚至惊喜不断。

我们先是听到路边一棵树上传来"喳喳喳"的声音,原来是淡眉雀鹛在和大家打招呼。紧接着又传来"呱——呱——"的叫声,寻着声音费尽周折终于在一个小山头上的柿子树顶端找到它漆黑的身影,然而还没看过瘾,这家伙就翅膀一张,嘴里叼着个大大的红柿子飞到山背后了。大

灰林䳭(雌鸟)

嘴乌鸦就这样成了我们此行的新鸟种。还没有将这股高兴劲头缓过来，吴白白就又拉了我一下，小声问前面那只是什么鸟？没等我看到，金蛋蛋说："哇！是超级小的伯劳。"我一看，嘿嘿，这不正是我一直无缘得见的灰林鵙嘛！真是得来全不费功夫！

回到山庄已经是上午9点多了，但留给我们的早餐还摆在桌子上。本地产的芋头个头很小，比成年男子的手指粗不了多少，味道却鲜美得很。剥去芋头褐色的外皮，露出淡紫色的瓤来，咬在嘴里时糯而不烂，还有香草的甜味。皮蛋瘦肉粥的滋味也是一级棒。今年猪肉金贵，这里依然分量十足。难得难得！

填饱肚皮之后，我们又顺着山庄对面的那条路走了进去。一路上鸟没看到几种，却发现路旁的山谷里有无尽的梅花；品种虽不稀罕，贵在量多。那场景，便是无风也香了半里地。无需酒，走过一遭，人就醉了。喜爱这片梅林的当然不只有我们，还有漂亮的北红尾鸲、柳莺等。只是那梅花的香气有夺魄之效，令我们无心观鸟。

我们在一处小溪边停了下来。溪水澄澈，掬一把洗洗脸，顿觉清冽异常。溪水两旁长有许多芦苇等水生植物，在秋风中如美人的腰肢轻摆。远处的青山间，数丛红叶是这秋日最动人的眼睛。

午餐依然美味。

回程时在车上就睡着了。梦里，有鸟鸣不断，清泉石上。

后记：本文描述的是2007年12月下旬，我与广州113中学观鸟社团里最早开始观鸟的几位老师和学生第一次自组织的观鸟行。按照日期来说应该算冬季，但此地长夏无冬，当时的体感温度就与长江中下游的初秋时节差不多。这次旅行开启了广州市中小学观鸟旅行的大幕——如今在广州及其周边城市，观鸟旅行已经成了中小学生游学的重要组成部分。观鸟这项带有科学探索和环境教育性质的爱好从小众走向大众，指日可待。

秦皇岛游记
——渤海秋风迎鼓翼

> 车在浅浅的水中行进
> 犹如在湖面飘动
> 看似不可思议的事情就这么发生了

北戴河湿地

旅行,越来越不喜欢做计划。

想着北京城郊山谷里的鹨嘴鹬和黑鹳,还有盘锦的红海滩和鸭绿江沿线的红叶,这个10月,真的找不到什么理由放弃去环渤海走一圈的念头。

于是出发,来到秦皇岛,来到这个大学时代路过16次却从未停留的地方。此次来这里除了参加朱雀会的会议,更重要是想去一趟北戴河。不为住别墅看海浪,只为观鸟。

鸟人起得早,所以有日出看。天色从黝黑一点点变得透蓝,阴郁沉重的云朵脸上瞬间绯红上涌,身姿如彩绸漫天飞舞;海面上金光耀动,温暖如爱神射出的离箭,飞奔而来,直入心房。此景岁岁年年均在,于我则唯有此时此刻。神思入画,与飞鸟的鼓翼声一起,向天地问候。

秦皇岛市新开河口的湿地不仅是观海上日出的好地方,也是候鸟理想的休憩地。得益于旁边就是著名的北戴河度假区,这一大片湿地被有效地保留了下来。虽然用栅栏与外人隔离,不过路人可以登上高台观景,

北戴河湿地日出

亦可沿着栅栏外的步道散步,于周遭的芦苇摇曳间,听海浪远远地送来欢歌。隔离时间久了,那些鸟儿就不再畏惧高台上或栅栏外的行人,晃荡到五六米以内也是常事。对于观鸟者而言这是最好不过了:有鸟,视野好,易到达,舒适!

北戴河沿海湿地中的众多水鸟多半还要去更温暖的南方,在厦门等上一段日子便能看见。所以,我来秦皇岛并不指望有什么惊喜,而是带着一种朝圣的心态,因为北戴河可以说是中国内地民众观鸟的发源地。改革开放后,北戴河是外国观鸟者在中国内地最先开辟的观鸟点,至今每逢迁徙季节依然是国际鸟人不断。如今这里又多了很多摄鸟爱好者——不少人先来这里拍风光,发现有人在观鸟或摄鸟,觉得有趣,开始跟着玩,不久便上瘾直到无法自拔,其中就有秦皇岛鸟会的老高(网名"秦皇鸟")。

我们白天开会、晨昏观鸟,老高一直陪着。因为要开车,所以他一直不能喝酒,憋得那个难受劲儿让我觉得有点不好意思。后来在盘锦,虽然我酒量不济,还是好好地陪老高喝了几杯,不过那是后话。

一同来秦皇岛观鸟的还有小暴、"林子大了""小狼""橘树""村长"等人。我很喜欢和小暴聊各种鸟事,但只要我俩凑在一起观鸟,就会招来

"黑魔法"——好鸟全无。是日,在白浪滔天的东海滩,顶着横扫飞沙的北风,我们走了两个多小时,衣服贴在身上,脸都被风吹瘪了,只看到两只正处于蚀羽期、丑得让人心疼的翘鼻麻鸭和两只渐游渐远的鹊鸭。我倒是很羡慕鹊鸭,因为它们好歹有顶大绒帽子。我们扛得动单筒望远镜,却抗不住这海风的冷飕飕。

会期第二天下午有空,大家去了东海滩后面的湿地公园。这片集河滩、树林、灌丛为一体的湿地,是南来北往的林鸟们在渤海湾的"豪华"度假地,曾经吸引了世界各地的鸟友,如今有的河滩已经被改造成深沟。好在鸟类的适应能力还很强大,没有了鸻鹬类虽然遗憾,柳莺、苇莺还在。只是这里的鸟不知为何总让人感觉有些惶恐不安,很难静下来让人仔细观察。或许是它们长途飞行后刚刚抵达,还在忙碌地寻找食物;也可能是这一路它们太过担惊受怕,对我们的出现不免习惯性地惊恐万分。

总之,这片经过改造后的湿地更像是一个美丽的公园:白茅在夕阳下逆光闪烁银光;杨树在风中摩挲摇摆,如牧歌轻唱;荷塘初染秋色,田田荷叶在黄绿之间还留着几许娇媚;唯独少了本该有的鸟儿欢歌声。少了

北戴河当地的鸟类摄影爱好者

那些细细如银铃的歌声也就罢了,就连大斑啄木鸟也变得悄无声息,不曾给我们报以那习惯性的"磔磔"奸笑,取而代之的是鼠窜般地一飞而过。对于这片湿地的前身我并不知就里,但"橘树"知道。"橘树"是最早跟着外国观鸟者学习观鸟的国人之一,也曾经为保护这片湿地努力。如今这样的局面,虽然在多数人看来已属难得,她却怎么也高兴不起来。

好在还有老高——秦皇鸟。

老高是秦皇岛鸟会的时任负责人。要说观鸟、摄鸟,他的年头不算很长,但自打当初"蹚了这趟浑水"后就没打算再爬上岸。从一开始疯狂的鸟类摄影,渐渐觉得保护工作刻不容缓。我想很多鸟友都能理解,这个苦涩的转身一点儿也不华丽,那是一份自觉背负起的责任。于是有了秦皇岛鸟会,有了很多当地的鸟友一起出谋划策,试图为这些美丽的鸟类做点什么。

行动,哪怕是一场摄影展、一次公共宣传,都马虎不得。前后细节在电话里仔细地问着,生意人的精明用到保护工作上一样得心应手。虽然目前还敌不过社会对物质利益的追逐,但我们相信老高,就像老高相信他们自己一样。他说他很喜欢秦皇岛,做一个秦皇岛人很开心,做一个秦皇岛的鸟人则多了一些义务。他之所以自然名叫"秦皇鸟",是因为深爱这片土地,也爱这方水土上飞翔的精灵。

老高特地带我们去一处秦皇岛鸟友们自己发现的鸟点——石河口。与很多河流的入海口一样,此地也面临各种潜在的开发项目,危在旦夕。我们一边观鸟,一边探讨该如何从让管理部门、民众和自然环境都能够受益的角度去做保护。那些在天空高高盘旋的红脚隼(原来叫阿穆尔隼)、红隼、燕隼、游隼、凤头蜂鹰、雀鹰,那些在芦苇丛中小心翼翼地穿梭的小田鸡、黄苇鳽、紫背苇鳽,那些在林间飞舞的戴胜、在海边游弋的红嘴鸥,听不到这些的,可我们自己听得到,也确信将来会让更多的人听到。

当我们离开石河口的时候,潮水已经涨了上来。车在浅浅的水中行进,犹如在湖面飘动,看似不可思议的事情,就这么发生了。

也许,这是一个好兆头。

燕塞湖景区外的鸮和石鸡

若不是找鸟,老高说他一辈子也不会来这种地方。

这是一片废弃的采石场,只有未被挖掘过的山坡上还长着低矮的灌丛。让我感到意外的是,即便已经到深秋时节,山上竟然还星星点点地开着粉的、紫的、红的不知名的小花。看来大自然并不肯轻易就让人类毁了她的美丽。

老高带我们来这里是为了找石鸡。他说这里还有纵纹腹小鸮——经常就站在路边的大石头上。坐在车后座的我终于忍不住直接喊出"太棒了!"——能看石鸡已经出乎我的预料,更何况还有小鸮这等萌物!当年在青海祁连县错过之后,我可是一直对纵纹腹小鸮念念不忘。

一眼就看见断壁残垣中纵纹腹小鸮的巢。只是繁殖季节已经结束,那里除了白色的粪便,其他啥也没有。不远处倒是蹲着一只红隼,看见我们的车靠近了却丝毫没有离开的意思。

架好单筒望远镜,车也熄火了,除了风声不肯停歇,我们全都安静下来。不为别的,就为了期待能在第一时间听到石鸡那一长串"嘎嘎"的叫声。它们的保护色实在是太好,若再铁了心要保持安静,恐怕我们找到天黑也未必能有收获。

可惜,除了戈氏岩鹀尖细的声音和捉迷藏一般的身影,再也听不见其他鸟鸣。在这北风呼啸而过的山口,阴郁的天空让我琢磨着,难道是这石鸡觉得无论怎么歌唱也呼唤不来晴天朗日,干脆全躲起来睡大觉了?

有些沮丧。老高说这里看到石鸡的机会能超过80%的,而我和小暴聚在一起的"负能量"果真这么强大?好吧,兵分两路。还真别说,这一分开,鸟就有了!

崖壁前忽然横飞过来一个灰褐色的小家伙,圆圆的脑袋,不用问必是纵纹腹小鸮。有了单筒望远镜,它这个隐身高手也无法遁形。这个小家伙站在一个凹进去的石洞口,个头不大,身上斑痕点点如雨后枯竹,大眼炯炯,胡须龇张,利爪尽展,自有一股子凶悍劲。可我再仔细地看,就发现

纵纹腹小鸮

它那浓重的白眉毛外角上翘,同色的眼睑总是忽闪忽闪,好似生了长睫毛一般,妩媚动人。这绝对是个叫人看着就喜欢的萌物!它显然也在观察着我们,不久后就飞到一块石头后面——虽然距离更近了,却只露出眼睛以上的部分。它深邃如黑洞的眼神透过单筒望远镜与我相撞,仿佛要把我吸进去。

众人满满地欣喜。"林子大了"和小暴还看到了山鹛,我却连叫声都没听明白,于是守在那里不肯走,直到"林子大了"喊出"北京郊外多的是"为止。其实,我担心的是像头一天那样,他们稀里糊涂把我一个人丢在东海滩的事再次发生,这才紧着步子下了山(当时大家分坐两辆车,都以为我在另一辆车上)。

收获了小鸮,但没看到石鸡和山鹛,喜悦之余遗憾难免。

大家下了山。山下有一条几乎干涸的河,河床到处都是乱石堆。小暴因为这几年致力于中华秋沙鸭越冬地的研究,说要停下来去看看这里是否有可能是他要找的地方。"橘树"在另一辆车上,来电话问我们在干啥,并催说还有人在等大家。我刚说"小暴说他要看看生境,5分钟",然后,不好意思,是我第一个冲到了河堤边。

眼睛还没随着身子停稳当,就听到一连串"嘎嘎嘎嘎"的叫声,低头一看——就在眼皮底下,一只石鸡在狂奔。大喜!再看,何止一只!这也有,那也是,飞的、跑的、踱步的、停歇的,足足10只。我曾经尝试画过一只石鸡,当时怎么也画不好的大胸脯,此刻在我的望远镜里正鼓胀得越发厉害。石鸡有着朱红色的大眼圈,黝黑的过眼纹顺着脖子延伸,又在胸口相连,正面看恰似一个完美的"心"形。其中一只石鸡站立在石头上,昂首挺胸,唱得那么投入,胸口的"心"随着连续不断的鸣叫跳动起伏;胁下一道道平行的斜纹,像手风琴一样在开合、颤抖。其余的石鸡在周围的乱石中,踏着石头上那只个体唱出的弗拉明戈般的节奏来回窜行。怪不得在山上找不到,原来它们都在这河滩上开歌舞会呢!

必须给老高来个热烈的拥抱。老高连连说是我们鸟运好,"小狼"不停地念叨着"好爽","橘树"也赶过来看,而"林子大了"干脆趴在河岸上不肯走。

河边就有燕塞湖景区的一个入口,周围的游客看着我们觉得好生奇怪,不明白这群人为什么不进景区,却对着光秃秃的河滩如此眉飞色舞。他们哪里懂得,所谓"不疯魔不成活"!对于鸟人而言,"失之东隅,得之桑榆"的喜悦我知,小暴知,老高知,天下鸟友皆知。

石鸡群

葫芦岛绥中
——河床水落秋鸟来

> 石头边长着一小束野草
> 纤细的茎儿在风中轻摇
> 像凤头百灵长长的冠羽在微微晃动

我一直很想看鹦嘴鹬。在《中国鸟类野外手册》上,鹦嘴鹬是补画在后半部分的文字解说里的。所以在很长一段时间内,习惯于只翻看该手册前半部分的鸟种形态绘图和分布区的我,压根没留意到这种鸟的存在,直到后来看到鸟友从西北拍回来的照片,一下子就爱上了它。

2009年,我第一次去西北的高原。在甘南广袤的草原上,小小的碌曲县城外有一道弯弯曲曲的河,河床之上是冰川融雪冲下来的鹅卵石,那里就是鹦嘴鹬的家。我去找鹦嘴鹬,却只看到一些军人在河滩上练兵,同时远处是当地藏族人民一年一度的牧场聚会。人类活动的动静这么大,自然什么鸟都没看见。

后来听说在北京郊外的太行山脉的峡谷里就有鹦嘴鹬,而且数量比较稳定。此番环渤海行,便想着到了北京后定然去收了这"妖孽"。聊天时提起这事,老高听了后说:"费那事干啥?明儿我就带你去一个地方看。"

其实还是很费事的。为了赶行程,凌晨5点钟,老高就等在宾馆门口。寒风瑟瑟,我穿了抓绒衣仍然有些招架不住。黎明前的黑暗总能让人更加喜爱光明,不是么?

我们先吃了秦皇岛最地道的早餐——炸鲅鱼、咸鸭蛋、馍馍片儿和水捞高粱米饭,然后撇下要回家哄孩子的小暴,任其在宾馆伤心。

也是一条河沟。岸边是北方常见的杨树林,如列兵般挺拔。再往外是低矮的山峦,土壤层并不厚实,不少地方岩石裸露在外。河床的海拔高度几乎是零,到处是大小不一的石头,水道只能用涓涓细流来形容。它完全比不了甘南州碌曲县则岔的那条河的秀美,自然也不如京郊峡谷的耸峻,而且此地挖掘机和运石车的轰鸣声不绝于耳。就这地方,还能有鹮嘴鹬?

我心底同时揣着狐疑和期待,准备好单筒望远镜,老高却有些心虚了,喃喃地说:"就在这个河谷,慢慢找,总能发现的。""得看到它飞。要是停着不动,看上去和石头没啥区别,找不到。"可这么长的河滩,谁能保证恰好看见它飞的那一瞬间?"这鸟飞的时候必然会叫,听到那声音就行了。"他继续说。好吧,看来静静地等才是上策,也是唯一的选择。

不过,既然鹮嘴鹬还没有决定接见我们,我们先向站在附近的杨树顶上的楔尾伯劳打个招呼也不错。楔尾伯劳身上只有黑、灰和白三色,然而,

积满石头的河床

色彩的平淡丝毫不能阻挡它眉宇间的英武之气。它像个骄傲的猎手站在树枝顶端，尽管随风晃悠个不停，却始终耸立着身子，扫视着自己的领地。灰斑鸠也在附近，杨树林里、电线上、河滩上都有。这种南方人眼底的稀罕鸟儿在北方属于"大路货"，而且外表除了脖子上一些黑色的斜纹外几乎毫无特色，更难言美貌。尽管如此，"没见过的鸟就是好鸟"这句观鸟界的"至理名言"始终在我脑海里回荡。毕竟只要不是家门口常见的鸟种，不抓紧机会多看几眼，下一次想看又得费机票钱不是？

凤头百灵一直在叫。起先我以为它是云雀。这两种鸟儿都是喜欢在天地间振翅的歌者，都衣着朴素，都唱得那么欢闹、动听，同样少有机会在南方看见，而且都只存在于我遥远的记忆里。在这只凤头百灵落到石头上、闯进望远镜的视野里之前，对于搞混它这件事，我很快就原谅了自己。石头旁有一小束野草，纤细的茎儿在风中轻摇，像凤头百灵长长的冠羽在微微晃动。我用手机透过望远镜拍下这样的画面，虽然没有清晰可鉴的细节，却有着阳光洒满眼前一切的温暖。

然后，就听见一长串怪异的叫声。应声望去，一团略带铅蓝色的飞影顺着河道落在不远处的石滩边。我手里的单筒望远镜的云台一转，"妖孽，看到你了！"

头戴黑面罩，胸抹青山蓝；腹上墨玉带，腹下白如雪；背染银鼠灰，脚穿粉紫靴，再加上那形似弯剑的独特赤红长嘴，鹮嘴鹬，你这个磨人的小妖精，果真是怎么看怎么都爱煞人！

鹮嘴鹬并没有太在意我们的存在。它沿着水边，不停地用长嘴在石头下觅食，反射着阳光的大眼睛在不时歪来歪去的脑袋上忽闪，无时无刻不在提醒我们它是一个天生的尤物。上岸后，它继续在石滩上走着，果真瞬间便与背景融为一体，放下望远镜就找不到了。还好它走得并不快，用望远镜再仔细瞅瞅，还在。而且，又多了一只。原来是夫妻俩！

与我们一样，鹮嘴鹬好像也很享受这渐高渐暖的阳光。静下来，伸懒腰般用力展了展翅膀，复归静止，直到我们离去也没改变过姿势。真是好耐心！一旁的白腰草鹬显然不愿继续和它们玩这种"我们都是木头人"的游戏，翅膀一抖，给我们甩了个白眼，飞了。

凤头百灵(林子大了 摄)

　　从兴奋中缓过劲来后,我却有些高兴不起来。书上记载的鹮嘴鹬原先都活动在高原的河滩上,现在却出现在海边,而且是海拔如此之低的地方。目前已知的鹮嘴鹬生存环境都是类似的——有乱石的河滩。看来,只要安全并且食物充足*,海拔对它们来说不是限制因素。因此,极有可能是以前低海拔地区的河流水量原本充沛,不适合它们栖息;现在由于各种人工筑坝和过量取水导致河床外露,它们才得以扩展分布范围。

　　再看一眼这美丽的鹮嘴鹬,转身又望着那些在河床上轰鸣的挖掘机,回想一路上看到滨海地区成片几近空无人烟的开发区和住宅,秋风起,当真叫人不知是悲是喜。老高说这里还有黑鹳的记录,它也是我一直期盼的鸟种,但沿着河床没走多久就决定放弃了。我们不愿看见那么优雅的鸟儿出现在眼前的环境里,否则,那将是对美梦的一种亵渎。

　　我们选择去旁边的山地看看。相对于支离破碎的河床,这些山丘除了少数地区被开发成茶园外,尚且保留着荒野之美。

　　成群的岩鸽在断崖间飞过。这些自由自在的鸽子拥有丰满有力的体态,没有家鸽那种被喂养的安逸和肥硕,而脖子上的辉羽在阳光下闪烁着

---

* 河滩上乱石堆中生活的昆虫是鹮嘴鹬的主要越冬食物。

最动人的光泽，犹如焕彩的欧泊*。戈氏岩鹀在叫，顺着声音望去，却看到一只尾巴长长的鸟儿，可一晃眼它就蹦到灌丛里去了，然后又跳到更高的灌丛里。虽然还是没看清，但依稀能看出身上带着绣红色纹路。赶紧赌赌运气，从侧面手脚并用爬到高处，占据有利地形等它"自投罗网"。

我确信它正是昨天错失的鸟种——山鹛。如银铃一串的独特叫声在周围此起彼伏："dear, dear, dear……"有两只！它们不停地调情，而我们死守原地。终于，其中一只从左侧的灌丛里蹦了出来，在我们面前一闪而过，钻进了右手边的一棵小树中。不过，最后竟然有那么十几秒钟，它与那只原本藏在灌丛里的山鹛一起，完全站立到枝头，搔首弄姿，在阳光下

戈氏岩鹀

---
* 欧泊是一种达玉石级的名贵蛋白石，有玻璃光泽，显现多种颜色。

极尽媚态。

有那么一瞬间,我觉得这些山鹛像不安分的小丑被迫穿上条纹西服,浑身不自在,这才会有抓狂般的永不停歇的天性;它们那白眼圈小黑眸看上去凶光毕露,实际上不过是因为烦躁不安。由于没有人能够真正理解它们,它们总是躲藏;只有当它们自己聚在一起的时候,才能短暂地放松,在阳光下旁若无人,如此这般地展现自我。其实,我也不知道这究竟是在说人类的两面性——掩饰伪装与真情流露,还只是在说鸟。我非鸟,不知答案;我只是个鸟人。

老高说:"走吧,去看玉带海雕。"

在河流的入海口湿地,当地管理部门关于保护湿地的标语牌很醒目。红嘴鸥在鱼塘上空盘旋,白鹭、红嘴巨鸥在河中间的沙滩上沐浴着阳光,黑眉苇莺在堤岸两侧蹿飞。绥中的鸟类保护工作起步虽晚,但得益于老高等人的持续促进和当地鸟友们的努力,对于未来,我们总是充满希望。

我们没看到玉带海雕,只远远地看到一只鹗。不过,谁能保证下一次再来的时候,就没有其他好鸟在这里等着我们呢?

盘锦红海滩
——鹤舞夕阳海天红

> 只有它们是清晰且真实的
> 其余的一切都化作流动的背景
> 是一片色彩而已

鸟友"村长"一句"红海滩有丹顶鹤",让我和其他人都觉得不去盘锦骚扰他都过意不去了。

那是望不到边的红,带着深沉的绛紫,一直延伸到天边。我一度怀疑是因为这里的碱蓬草染红了夕阳,落日才会显得如此绚烂。在太阳的余晖里,是丹顶鹤即将消失的身影,还有路过的苍鹭不紧不慢地鼓翼。

小时候家里的中堂上挂过一幅《松鹤延年图》。在接触观鸟以前,丹顶鹤是我唯一听说过的鹤类。如今自然懂得丹顶鹤站在松树上的"松鹤延年"形象只是出自画家的臆想,因为丹顶鹤爱的是湿地,才不会发神经跳到松树上站着!也是因为丹顶鹤,儿时便觉得嘴长腿长翅膀宽大的鸟便是鹤,这才有了当年一只苍鹭低空飞过头顶,被正在湖面上仰泳的我惊为仙鹤的糗事。

无知者通常都信心满满,而且总觉得自己运气爆棚,常有奇遇。等到观鸟之初,还是毛病不改,时时觉得自己看到了某种稀罕的鸟类,对着前辈们的疑惑还曾经暗自愤愤不平。如今想起,依旧脸红。

老高带着"林子大了""小狼"和我,在高速上与提前一天被领导叫回去值班的"村长"不停地联系着。等到在约定的地点碰头后,"村长"的第一句话就是:"赶紧地,太阳要落山了,还得找呢!"

还得找?前几天听"村长"你的口气,那丹顶鹤不是应该就在某个固定的位置恭候我们几个的大驾、不见不散才对么?后来我才明白:"村长"自己去得找;我们去,不用!

盘锦的芦苇滩到底有多大我不知道,反正越野车比芦苇矮,路在芦苇的海洋中七纵八横并且没有任何指示牌。天知道"村长"怎么记得住通往红海滩的路的!我们的车跟在"村长"的车后面,一不留神,坏了!这是个十字路口,"村长"的车不见了,拿出望远镜也看不到。电话倒是能打通,可是四周都是一模一样的芦苇,没标志物,你叫我怎么描述究竟在哪个位置啊?!他只好一边骂我们"笨死了,耽误时间",一边无可奈何地退回来找我们。我们再也不敢怠慢,紧紧尾随。过了半天,忽然间芦苇没了,天空强势归来。

眼前是一条通往大海的长堤。两边,是无垠的红地毯。

"村长"从车上跳下来,我这才注意到他还是一副西装革履的打扮。真是够情谊——显然他是从单位里直接出来的,行头都没换。"找吧!"他说。我懒得找,太阳估计还要有一个小时才落海,这么漂亮的风景先拍几

红海滩湿地中的翘鼻麻鸭

张再说嘛！对了,还应该来个自拍什么的。

抬眼随便看看。碱蓬草上空静静地飞翔的鹭类并不少,一些河道和两边窄窄长长的滩涂都被鸻鹬类占据着。丹顶鹤？没有！那就继续往前。

又往前开了100米后,"村长"一个急刹车。我们跟在后面大喜：有了！

车的左边正对着一条小河。河沟蜿蜒如舞起的混天绫,碱蓬草就像被它分开的红色海洋,而两只丹顶鹤就在那里埋头觅食。

距离真近啊！ 20来米吧,这还是算上了路面近10米的宽度。"村长"的车靠在路边,那距离就更近了。

除了偶尔警觉地抬头左右张望,这两只丹顶鹤对车并不在意,对我们如机关枪一般、几乎没有停歇的快门声同样置若罔闻。

纵然在各种纪录片和画册中见过丹顶鹤无数次,它们那份优雅只有等我亲眼目睹才能有触及心灵的震撼。夕阳给眼前的丹顶鹤洁白的脖子和身躯撒上金红；黑色的滩涂中央,水面反射着天空,如一道飘逸的白绸,绛红与橘色杂糅的碱蓬草如潮水般包围着这一切。丹顶鹤顶戴红珊瑚,巨大的飞羽拖在尾后如墨竹轻摇,一双长腿让顶级模特也会艳羡不已,每次轻轻地迈步都让我的心随着它起落。它们默默地在河沟里觅食,并不鸣叫,也没有舞蹈,单凭着那高贵范儿就已经气场十足,震慑蓝天与红海滩之间所有的生灵,包括我们。

远处,辽河油田上俗称"叩头机"的抽油机是默守着这片滨海湿地的巨人。

过了一会儿,这两只丹顶鹤先后离开河沟,走上旁边的红海滩。我们都以为它们准备离去,想着马上就可以拍到鹤翔于天的镜头,紧张得连抓相机的手都在发抖。可结果是它们仅仅抖动抖动翅膀,摆了几个造型,然后,屁股一撅,在碱蓬草上拉了一摊白色的便便后,又踱回河沟里,继续让水中的小虾小蟹们面对梦魇。看来,丹顶鹤真是爱干净啊,不污染自己的"食堂"！

如此几番,日沉西天,霞光渐浓,丹顶鹤夫妻这才齐身走进碱蓬草。它们左右看看之后,忽然头一低,身子往前一倾,翅膀开始猛烈地扇动,两腿向后奋力蹬,没用几下便腾空而起。于是乎,飞翔不再是费力的扑腾,

丹顶鹤

而是飘逸如仙的身影和漫步云端的随性。巨大的翅膀分割着绯的云彩与绛的大地;所有的焦点都在它们身上,只有它们是清晰且真实的,其余的一切都化作流动的背景,是一片色彩而已。

太美了!我已说不出话来。

没想到,"村长"却受不了,从车上冲了出来,同时大喊:"哎呀!你们这帮臭小子,运气太好了!我来好几十趟,从来没这么近啊!从办公室出来,我啥相机也都没带!哎呀,可憋坏人了!这鸟,太气人了!"

哈哈哈哈!

我们只能拍拍他的肩膀,纷纷安慰他:"村长,你好人有好报的""村长,这鸟是知道你请我们来才这么近的,是给你面子嘛!""村长,听说红海滩的螃蟹特别好吃!"

最后一句,嗯,是我说的。

秋季的枫香树落叶

大连老铁山
——别时秋风长相送

等白额鹱（hù）真的飞了起来
优雅得仿佛是一束掠过海面的光芒
轻松得宛如一阵悠长不歇的微风

怒涛之上的鹰姿鹱影

别了寒凉中的盘锦。只是拐了一个"湾"而已，大连，如沐春风。

那年我20岁，来过，惊叹过。现在再来，看到的却是颓废。这才懂得当年光彩照人的草坪若无人年年呵护，只能衰相横生；越老越显得苍翠欲滴的大树，却成了这座城市的稀缺品，而这都只因当初的急躁，不愿付出那点耐心。现在想来，幸与不幸，其实都不是大连自己的选择。还好我的路可以自己选，于是不再在大连逗留，在旅顺港也只是瞄了一眼灯塔，便上了老铁山。我来，是要看猛禽漫天。

同行的人只剩下"小狼"了。"小狼"是我在中国科学技术大学的学弟，准备去北京大学读研究生，得了个"间歇年"，正四处给民间组织打工兼观鸟，叫我好生羡慕。我本来打算去丹东看红叶的，结果被他拉到老铁山，说是北京观鸟会在这边搞活动，一起行动比较方便。想想也对，吃饭包车方面人多总是好办些。再说现在北京观鸟会的外出观鸟活动搞得很热乎，我去观摩一下也好。于是就这么来了。

到前台还没放下包，就瞥见餐厅里两大桌北京鸟友正在大啖美食。

乌雕

虽然我和"小狼"在山下已经吃了晚餐,还是忍不住口水直流。

鸟人们彼此熟络的过程并不需要太久,加上"小狼"本来就与他们中不少人认识,我又脸皮够厚,很快众人就厮混在一起了。没想到第二天一早又看见俩熟人——正是前两年来厦门,我陪着一起看过鸟的刘兄和刘嫂。刘嫂前不久在英国摔伤了脚,挂着拐棍,打着石膏——都这样了还来老铁山观鸟,不服不行啊!

老铁山的魅力何至于此?

山不高,林不秀。景色么,就是茫茫大海,本有些惊涛拍岸的场景却不能靠近。这样一个普普通通的临海山头,让世界各地的鸟友汇集于此并流连忘返,除了猛禽迁徙的壮观场景,恐怕再没有别的了。

我们一大早就赶到临海崖顶上的大平台。天还没有亮,水天一色却并非湛蓝,而是暗乎乎、混沌未开的那种。当太阳在乌云背后升起时,视野里天空变得灰亮,大海则继续保持晦暗。未几,天开始飘起了小雨,风向也不对——撞上了一个不适合猛禽南迁的天气,期待中千百只雄鹰翱翔蓝天的场景有可能只是昨夜的好梦一场了。

也许是见我们在凄风苦雨中实在可怜,一只乌雕决定安慰我们一下。它远远地在旁边的山坳里盘旋了几圈,亮了亮相。这足以让众人激动一番了,尤其是目击到个人野外新纪录的兴奋用来抵挡雨水带来的寒意绰绰有余。几只凤头蜂鹰尝试出海探风,却每每被风吹得贴回崖壁。它们飞得辛苦,倒是便宜了我们,正好借此看个真切。凤头蜂鹰是猛禽中的奇葩,长着鹰的模样,最爱的捕食对象却是小小的蜜蜂。缺乏其他猛禽强大掠食能力的它们玩起了"大咖模仿秀",用羽色模拟各种厉害的猛禽,比如蛇雕、鸢。这就好像街头那些并没有什么实力、瘦得很干瘪的小混混,弄个文身诈唬一下。

零零星星地又来了几只黑鸢和红隼,都是我国的广布种。它们究竟是要随着鹰群大部队一起迁徙,还是此地的留鸟?是来凑热闹,还是给其他的鹰送别?我不晓得,也懒得弄清楚,反正有鸟看就行了呗。倒是可以确定燕隼和雀鹰要往南迁徙的,因为一大群灰山椒鸟和红胁绣眼鸟已经在这崖壁四周的山林里躁动不安。这些山椒鸟和绣眼鸟时不时地聚成一小团"乌云"冲出林冠层消失在海面,可这时晴时雨的天气逼迫它们一次又一次地折返回来;原本在天空很匀速地成团飞行着,忽然间就如落石一般坠入森林,杳无踪影。燕隼和雀鹰正是追逐灰山椒鸟和红胁绣眼鸟而来,唯有如此,它们千里迢迢的迁徙之路才有充足的食物,否则哪来的力气飞越沧海、翼扫千山?

不远的林缘有三三两两的灰头鹀、褐柳莺和黄眉柳莺,海面上飞来飞去的是黑尾鸥、红嘴鸥,都是普通得不能再普通的鸟儿,让人提不起精神来。我丝毫不否认林中柳莺的活泼动人、海上飞鸥的强壮矫健,无奈这两天见得实在是太多,难免有些审美疲劳。于是决定折进林子里看看能否撞见不一样的鸟儿。不管有的没的,纯属碰碰运气。

真就碰着了!刚沿着平台边的小路走进去不过10米,就发现林下灌丛里窸窸窣窣地有一抹土黄色在不停地窜动,个头还不小,应该是个好东西。脑海里检索表一般过滤着可能的鸟种,莫非就是它?近年来在厦门年年被发现,我一直渴盼能够在野外目击却未能如愿的矛斑蝗莺[*]?

---

[*] 自从铁路厦门北站启用和周边开发区建设以来,连续数年,在该区域都记录到矛斑蝗莺飞进办公室或撞上玻璃外墙的事件。笔者推测这可能是铁路厦门北站正好建在矛斑蝗莺的传统迁徙路线上,而短期内它们未能适应这种变化所致。

果真是它！它已经迫不及待地跳到灌丛边缘与我对视起来，大脑袋、圆身子、粗尾巴、细长腿，浑身如墨雨洒落在黄土地上一般。不像柳莺的娇小，也没有苇莺的细腻，它很粗放、很"爷们"。到底是灭蝗杀手，不霸气点儿怎么镇得住场面？！

乌雕、矛斑蝗莺，半晌的功夫就增加了两个个人野外新目击鸟种，我自然是有点喜滋滋的。等我走出林子的时候，用鸟友们的话说"那叫一个春风满面"。然后，他们都涌进林子去寻觅矛斑蝗莺。我看着被众人遗弃的海面，忽然闪过一个念头。

来老铁山之前，"橘树"跟我提过当年国外的观鸟者如何在海上搜寻白额鹱的事。我当时就当故事听，压根没想过不出海就有机会看到这种大洋性鸟类。眼前的海面上，渔船拖着长长的涟漪，黑尾鸥、黄脚银鸥紧随其后伺机觅食，为什么就不能有鹱混在其中？而且，此时我们正居高临下，海面一览无余，小穆夫妻俩又不辞辛劳地扛了单筒望远镜上来，何不学学那些外国观鸟者，来一个"海面大搜索"？万一看见了呢？

海面上，几艘渔船正驶过黄渤海分界线。那些被船掀起的浪花已经将原本泾渭分明的两个海域搅和成"你中有我、我中有你"的混沌，自然，也搅晕了海水中的鱼儿。成群的黑尾鸥在四周盘旋，翅膀扇动，身形腾转，间或俯冲着扑向被瞄准的目标。可是有那么几只鸟，不，是几十只，即便是在阴云密布的天空之下，它们的黑翼与雪腹在转身之间鲜明的对比总是如此醒目。它们的翅膀始终如一地平展着，翅尖偶尔才会微微扭动；身体略略一斜，便轻巧地绕过澎湃的浪尖；甩颈、低头，张口对着海面轻轻一衔，鱼儿就在劫难逃；偶尔落在水面，还没游上一小会儿，又急速振翅，踏水而飞。它们起飞时还有些笨拙，等真的飞了起来，优雅得仿佛是一束束掠过海面的光芒，轻松得宛如一阵阵悠长不歇的微风。

白额鹱！细长、坚韧、平滑却灵动的翅膀充满了魔力，似乎可以平息耳畔大海的怒涛声，令人走进了无声电影时代，在静默中屏息与悸动同存。白额鹱，能看见一只就足以振奋人心的白额鹱，忽然间有几十只，在海面上，在浪花间，在镜头里，如太空漫步，分毫毕现。这台单筒望远镜简直是一件神器，这也许是因为它被爱情的力量加持过。小穆夫妇结婚的

东海日落

时候，妻子小关没有要钻戒，而是选了这台顶级的望远镜。今天小穆不辞辛劳将它扛上大平台，这可是"鸟人"世界里独有的浪漫。

幸福来得太突然。看完矛斑蝗莺回来的众人汇聚在单筒望远镜周围，刘嫂也拄着拐棍赶过来欣赏，整个大平台都沸腾了。风雨挡不住白额鹱盘旋的身姿，也浇不灭我们此刻似火的欢乐。这趟老铁山，没白来！

在傍晚的时候，我和老刘去林子里再寻矛斑蝗莺，未果，却撞见一只喉咙似血的红喉歌鸲*。等我们说说笑笑从林子里出来的时候，一只雄性鹊鹞，如电影《星球大战》里的武士，头戴黑盔，一袭白袍，从头顶御风而过。

夕阳如火，漫天云霞倒映在流金的海面。

林 中 环 志

此行老铁山观鸟，北京观鸟会安排的内容很丰富，还特地去了老铁山的环志站。环志就是给鸟儿戴上脚环、旗标等带有标识的物品，这是一种用来研究候鸟迁徙等行为活动的古老但有效的方式。环志站有一项必要的"罪恶"工作，那就是——抓鸟！

钻林翻山之后，一张环志站特意布设的鸟网出现在眼前，上面已经挂着一只鸟。速速解救是必须的——因为不堪忍受被束缚的命运，鸟儿撞网之后定会奋力挣扎，导致网丝在鸟儿身上越缠越紧。所以环志站布设的鸟网每个小时至少会巡视1次（鸟类迁徙高峰期会增加巡视的频次），以免间隔时间过长让挂网的鸟儿受到不可挽救的伤害。

将鸟儿从鸟网上救下来的过程被称为"解网"。解网是门手艺活，既要避免引起鸟儿的恐慌，防止鸟儿啄伤人（这对新手来说几乎不可避免，老手也时常中招），又要在完好解救鸟儿的同时尽可能地不破坏鸟网。在我眼底，环志工作者就像变魔术一样，几秒钟的功夫，那只身材娇小、色彩娇艳、声音娇滴滴的鸲姬鹟已经完好地握在手心里了。我们凑近看了一

---

* 红喉歌鸲又名红点颏，是一种以叫声悦耳动听而闻名的鸟类，也因此长期遭受猎捕、贩卖和笼养囚禁。

给日本松雀鹰上环志

下这个小家伙迷茫与欣喜交织的眼神之后，迅速把它装入一个专用的软布袋子，带回了环志站。

　　被带回环志站的还有一只日本松雀鹰。日本松雀鹰是猛禽里个头比较小的，与鸽子差不多大，但爪利嘴钩、眼若铜铃的它绝不像鸽子那般温婉可人、戏逗无妨。当布袋被摘去的那一瞬间，它的一声长啸让众人的心猛地一惊。我们用最快的速度完成了测量、鉴定、检查伤情、环志、登记、拍照等一系列工作。越快越好，因为真的受不了它那一声声摧心的嘶鸣，也担心它的挣扎会伤了它自己。有小朋友和心肠软的鸟友忍不住嘀咕："放了吧，快放了吧。"是的，放了，还给它自由。它轻轻地从放飞者手里往前走了两步，抖了抖翅膀，觉得无碍，旋即纵身一跃，翅膀急速扇起，消失在丛林里。望着它飞离的背影，众人丝毫没有平时那种鸟儿远去的遗憾，取而代之的是心底如释重负的欢喜。

　　环志站里还采集到一只山斑鸠。与日本松雀鹰那种纵然绝望也决不肯停歇的抗争相比，它老实很多，在工作人员手里像宠物一样一动不动，似乎要屈服于命运的安排。可是，它身体的微微颤抖和眼底的丝丝恐惧分明是无奈的控诉。

黑鹳

相对于山斑鸠,我更欣赏日本松雀鹰等猛禽。它们纵然身陷囹圄,只要眼睛还能看到世界,就决不过笼中的受施舍生活。对我们自身而言,也唯有这来自内心对自由的渴望,才能迸发出与逆境抗争的勇气,才能不畏不惧,不言舍弃。

没有看到太多猛禽集群迁徙壮观场景的老铁山之行仍然给了我很多收获。观鸟10年,目击新鸟种的兴奋在越来越强烈的同时,也在越来越淡然。这种矛盾或许让许多人难以理解,但是我知道有人会懂。

临别的时候,一只黑鹳意外地出现在老铁山的天空——这让我曾在大金门和小金门之间苦苦追寻无果、在绥中乱石滩上无望而归的黑色鸟儿——翅宽如云,凌空而至又御风西去。本已和我一起下山的"小狼"飞奔回去转告其他鸟友,而我那曾涟漪千圈的心湖终于可以平复如镜——唯淡淡喜乐,随山潜水杳。

后记:感谢北京观鸟会的领队小田和小明,他们一个心细如发,一个憨厚可爱。同时,也感谢众多北京鸟友此行的陪伴和各种精彩的分享。人生虽然苦短,但也足够漫长,能让我们再相聚。老铁山观鸟,应该只是缘分的开始。

北海游记
——"愁"字实乃心上秋

这个上午，我的心情

应了听来的一句粤剧里的唱词

一阵阵打梧桐叶凋，一点点滴人心碎了

接　　头

接到"小狼"的电话我有点意外，因为他邀请我去北海做一次与观鸟有关的讲座。我说在当地找更经济些嘛；他要是不熟悉，我帮他介绍几位广西的资深鸟友好了。可他说是活动举办方FFI（野生动植物保护国际）希望我过去的，我就有些纳闷：此前我从来没有与FFI直接打过交道，而"小狼"刚去FFI实习没几天；就算他觉得我是合适的人选，也不应该有这么大的影响力吧？不过既然是我能做的，还能借机去看看现在北海工作的老友"狐狸"，正好一举两得。那时候，我并没有想太多与鸟有关的事情。

厦门到北海没有直达的航班。那天深夜，前一航班的延误让我拖着行李箱在深圳机场一路狂奔。还好，在关舱门前5分钟，在看见空姐迷人的微笑时，我不禁面红耳赤、鼻息如牛："请帮我拿一块毛巾，我要擦汗。谢谢！"

时任FFI北海项目负责人的兴峰执意要来机场接我。我想这么晚了，我自己打车直接去宾馆就好，何必麻烦大家？兴峰说我没来过北海，不懂。我是不太懂，于是客随主便。

很顺利就碰头了，毕竟北海机场还没有厦门的一个汽车站大。这里的空气比厦门更热、更潮润，但也更纯净。兴峰告诉我，之所以希望我过来，是因为原本帮他们策划了整个活动的鸟友"风入松"有事情来不了，但他向FFI推荐了我。我这才想起前不久"风入松"来厦门，我陪他在厦门大学的咖啡馆里正闲扯各种鸟事的时候，他确实接到过一个来自广西的电话。

我当时还问了问情况。因为北海每年在迁徙季节猎杀候鸟，尤其是偷猎过境猛禽的现象实在是太过臭名昭著，所以当兴峰告诉我这次来做讲座的另一位外地鸟类专家不是别人，正是微博上与我互动很久的"鸟窝里的猫妖"（简称"猫妖"）时，我一点也不奇怪。"猫妖"是国内不多的年轻的猛禽救护专家之一，一个标准的女汉子——在网上整天说要嫁给她的妹子比我认识的女生还多，时常让我有掩面而泣的冲动。

我和"猫妖"还没有见过。还有北海的鸟友"大雨"，虽然互加好友、看他发的各种鸟类照片好多年了，一直聊得有来有去，同样没见过。大概是因为摄影作品也会说话，看了照片便知道人也错不了。

粤　　剧

家具老旧，窗外黑漆漆的，并不见几个行人。尽管我在北海入住的宾馆距离闹市区不远，仍然不适宜半夜外出。

我第二天起了个大早，一个人漫步到海边的公园。海水平静如湖面，也很清澈。鸟没多少，倒是公园里唱着粤剧的老人家很引人注目。或许是因为年少时看过电影《南海十三郎》的缘故，我虽然极少有机会听粤剧，但每每听来，都觉得心生悲凉。鲜有京剧中王侯将相的丰功伟绩，也不似越剧喜欢讲才子佳人的郎情妾意，粤剧那带着绝望的低吟浅唱是一场场无论是今生还是来世都无法完结的关于情与爱的纠葛。每每轮到老妪唱的时候，一旁总有老翁送上一捧花；虽然都是假花，那接花的人也是颔首浅浅一笑，鱼尾纹里隐现羞涩三分，极为动人。我听了好久，直到"狐狸"电话打过来喊我中午去他家吃饭。

北海的城市建设和管理实在让我大跌眼镜。本以为作为广西最重要的海港和著名的旅游城市，也是对外开放城市，应该颇有模样，可一个多月之前台风扫落的大树枝竟然还堆积在街上，更别提坑坑洼洼的路面，以及到处可见的小广告和垃圾了。当地有关部门之不作为可见一斑。至于交通，真的让我有崩溃感：红色路灯和斑马线在众多摩托车、电瓶车甚至一些机动车底下似乎就是彻底隐形的。"狐狸"的破电动车给我的第一印象更是该毫不犹豫地扔掉！

"狐狸"载着战战兢兢的我去了菜市场。第一眼就看见在卖野生鸟类，不仅有红脚苦恶鸟、小云雀、鹌鹑，还有我见都没见过的黄脚三趾鹑。"狐狸"说在北海这是再平常不过的事情，许多当地人爱吃野味。

这个上午，我的心情，正应了听来的一句粤剧里的唱词："一阵阵打梧桐叶凋，一点点滴人心碎了。"

家

中午在"狐狸"新买的"豪宅"里，我们像当年读博士期间那样小酌了几杯。以厦门的房价水平来看，他这一平方米5 000元的复式住宅真是白菜价。社区外的凌乱与小区里的花团锦簇恍如隔世，但是小区里的蚊子和四处活动的老鼠却顽强地提醒着这里并不是可以孤身自傲的世外桃源。

"狐狸"也有些许抱怨，可如果他当初留在厦门，可能还和我一样在租房度日，学术上也难有自己的空间。我时常笑说，要不是当初在白城车站偶遇他之后开始跟着观鸟，我可能不至于"潦倒"如此，早该在职场赚得盆满钵满。但那只是玩笑话，我心底并不曾后悔过一丝半缕，毕竟当我第一次在厦大后山看见普通翠鸟那一抹醉心的蓝之后，心在哪里，心已知道。

"狐狸"的工作单位是广西红树林研究中心，该中心的办公楼是老城区里唯一我看着很顺眼的当代建筑，色彩明快、干净、简单，带着些许的工业派风格。庭院中的人工湿地既能用于科教展示，也让人赏心悦目，旁边还有几个颇有情调的下午茶休息区。这里无线局域网全覆盖,坐下来喝一杯咖啡,或者聊聊学术,真是再适合不过。

"狐狸"说眼前这些设计是他们领导的得意之作。我忽然想起什么,问他们的领导是哪个学校毕业的。果然不出我所料,他们的领导是我们校友——厦门大学所滋养出来的那种懒散中的精致果然早已渗透到每一代学生的心底;即便远在异乡,那根儿还留着,一有机会,就会涌出来,泛滥滋长,仿佛乡愁。

因为是工作日,"狐狸"没法陪我,我便独自去逛北海的老街。北海老街有与厦门中山路、广州人民路类似的骑楼,虽然矮小些,而且更加老旧,风情却并不减,这让我想起那些唱粤剧的老人家。受中华大地近年来旅游大潮的来袭,很多本地居民把门面租给了外来者并改建成新的商铺,因而到处充斥着来自义乌的旅游纪念品。本地的特色纪念品也有,却无法让我惊喜,因为许多是用受国家保护的砗磲、玳瑁和绿海龟的遗骸所制。有人喜欢它们的洁白和俏丽,我却看到死亡的悲凉,还有那背后疮痍满目

北海老街街景

的南海海床。

老街背后是海港。一代又一代的北海人在这里繁衍生息,贩夫走卒、巨商大贾曾经来来去去,但如今只剩下的这些建筑却又成为贪婪客的庇护所。夕阳正西,整条街如黄金铺地,这虚幻的浮华映红了周遭行人的脸庞,炙烫着我眼底躲闪不及的忧伤。

在大清邮局北海分局旧址陈列馆里,对着一座已经停摆的钟发呆良久之后,我看到馆外一家门面房上挂着"摄影公社"的牌子。探头进去看看,似乎没有在售卖任何东西,只有两个年纪与我相仿的人坐在里面喝茶。我走进去,见墙上挂着一些照片,还有相应的陈设,明白了这里大约是家本地青年摄影爱好者的俱乐部。座位上坐着的"大胡子"请我坐下来喝茶,我也不客气,揣度这里与闽南的习俗差不离:有客进门,清茶一杯,闲聊四方。

"大胡子"就是老街人。他说着老街及整个北海的变迁,与老厦门人说起厦门如今被汹涌的游客糟蹋的痛心疾首一模一样;可是这里是他从小长到大的地方,离不开了,也不愿离开。聊了好一会儿我才告辞,忽然觉得有一点点温暖——在这座城市里,毕竟还有很多珍爱她的人,而那些挂满墙面的照片正是一双双心存美好的眼睛所能看到的美丽家园。

晚上,"大雨"在一座小海岛上请我吃饭,来的还有本地另外两位鸟友"红鼻子"和"大海"。聊开了之后得知,原来他们都是这次FFI活动的合作伙伴,和兴峰、"小狼"早已打成一片。

席后,"红鼻子"兴高采烈地请我坐上他的轻型越野车。谈起下午的那个摄影俱乐部,"红鼻子"说那正是"大雨"他们几个人合伙弄的。他们本想过两日请我过去坐坐,没想到我自己倒是先摸进门了。

其实,我想说的是,如果北海的鸟友、摄友们不嫌弃的话,那是摸进家的感觉。

第二天的讲座一共四场:FFI请的一位专家讲桉树林的生态恢复和可持续利用,我讲观鸟和保育工作的社会开展,"猫妖"讲猛禽救护,而"棕背伯劳"作为定居北海的鸟友,讲北海常见鸟类的辨识。全部讲座花了四个多小时,听众还真有耐心听完。讲座结束后,有几位听众过来跟我说这

北海港口风景

是她们听过的最精彩的讲座,我免不了心底有些飘飘然,随后赶紧趁热打铁把她们介绍给"棕背伯劳"当徒弟。

讲座之后去海边观鸟。鸦鹬类的呆萌、普通翠鸟的美艳、红喉姬鹟的活泼,还有苍鹭的优雅让第一次观鸟的北海本地人兴奋不已。回想当初我在观鸟路上的每一次收获,又何曾不是一路雀跃?

我不是鸟类学家,也不是大师,只是一个喜欢把这种快乐传递给别人的观鸟者。不想用太多所谓的责任去呼喊和要求别人,我只知道一个简单的道理:当人们能够真心爱上自然,保护,是自发的事情;自发的力量一旦爆发,其能量和持久性绝对不容小觑。这种力量我在厦门见过,在广州见过,在秦皇岛见过,在国内天南地北很多鸟友的身上都那么熟悉。如今,我在北海的鸟友们身上再度与这股热情相遇,并融为一体。

第三天,我带着意犹未尽的兴奋从北海启程去涠洲岛。"狐狸"的同事在岛上有个湿地恢复项目,我们过去帮他对当地的鸟类和鱼类做一次普查。自然,因为打着"专家"的旗号,贵到没朋友的船票和门票我都节省了。有的,就是那湛蓝的海,还有一座刚被台风洗礼过的岛屿。

去之前我对涠洲岛所知不多,只知道是个旅游热点。不过,既然被邀

北海涠洲岛风景(超广角镜头拍摄)

请来干活,总得把活干了再琢磨游玩的事情。

涠洲岛很大,却被台风摧残得见不到几棵大树,而香蕉林才刚刚开始挂果。我这才想起为何今年厦门的香蕉卖得比往年贵很多——连续两次强台风让作为香蕉主产地的两广和海南损失惨重。好在热带地区的大自然有着旺盛的生命力,仅仅两个月的时间,一切又都欣欣向荣。反倒是那些人工的建筑和铁塔,依旧坍塌歪斜,惨不忍睹。

鸟不多,比我们预想的要少。主要是农田鸟类,还有一些鹭科和普通翠鸟之类的湿地依赖鸟类,还看到一些红隼。既然有顶级捕食者,起码这里的生境还是不错的。后面几日里在岛上四处闲逛,对褐胸山鹧鸪的惊鸿一瞥、与褐翅鸦鹃的多次相逢,以及与绿鹭的对视都印证了我的判断:尽管海边防风林伤痕累累,但也正是它们的牺牲,才保全了这里的一方水土和良好的生物多样性。

涠洲岛10月的天空中,不时可以看到灰脸鵟鹰和凤头蜂鹰飞过,那些都是要往东南亚迁徙的猛禽。透过望远镜默默地送上我心底的祝福,希望它们一路平安。

拜 妈 祖

本以为涠洲岛是个可以让我放飞心情的地方,然而一次清晨的海滨散步兼观鸟,却让我目睹了令人极其不安与痛心的一幕。

那是岛上海边一座小小的妈祖庙,几位上香的阿姆带着年轻的女孩子正在焚香跪拜。虽说如今岛上众多渔民早已转行做起了旅游生意,但毕竟还是有很多人靠海为生,港湾里的渔船依旧樯桅毗连。男人们出海,女人们在岛上打点家务和生意,日子红火,本也是这些居民的福气,是该感谢妈祖的福佑。可是,当看到满岛都在卖砗磲、玳瑁、绿海龟等国家重点保护野生动物制品的时候,我的心底忍不住恨得发痒。

我见那些给妈祖上香的人都很虔诚,可是她们,还有她们的男人们,真的懂得拜妈祖的意义在哪里么?大海本是生生不息的福田,他们中的某些人对珊瑚礁和鱼类等海洋动物灭绝式的捕捞已经让周围海域许多从祖先那里继承下来的资源消耗殆尽。若妈祖真的可以洞察人世,这种种贪婪之恶和破坏之祸岂是那一柱袅袅青烟就可以烟消云散的?

岛上原本有历时百年、规模最大的妈祖庙,前几年忽然被上方山上脱落的巨石砸塌了屋顶。这莫不是妈祖真的显灵,在警示这些贪婪的人,要给子孙后代留下生存和发展的根本?可是,当地人只是将妈祖庙稍稍前移了一点,用水泥修了个粗糙的新屋顶,就继续我行我素。他们倒是借机供上几十个太岁,恫吓民众说太岁如何地不安,敞开捐助箱要钱。

至于这眼前的这座小妈祖庙,周边都是主干要两个人才能合抱的大榕树。祈福的红色符咒和旗子挂满了枝头,我却怎么看都像是大树的血泪纵横。

悲　　剧

小妈祖庙对面是一片香蕉林,林子后面远远地可以看到有几株残存的高树。我想去看看有没有拟啄木鸟生活在那边,于是沿着香蕉林里仅能一人侧身而过的小路往里走。海风将宽大的香蕉叶变成在我头顶涌起的翡翠浪花,那是一种相当奇妙的感觉,让我忘记了种种愤世嫉俗的想法,又变回一个简简单单的旅行者。那路着实有些崎岖,有时还需用手攀爬一下。然而,我私守着这独处的野趣,闻着若有若无的蕉林清香,带着喜悦。

忽然间头顶的碧浪没了,我已钻出了香蕉林,站在一片高地上。四周杂草丛生,眼前,是一大片裸露着红色、平整的土壤。然后,我一下子就愣住了,迅即愤怒不已!

几只珠颈斑鸠蹲在平地上,眼睑都被渔线缝上,脚上套着几乎看不见的鱼线。失去了视觉的珠颈斑鸠完全不知所措,只能原地不动,在恐惧和黑暗中颤抖。它们脚上的渔线都朝着一个方向,尽头是一个用枯枝和迷彩网搭起的伪装棚。毫无疑问,这是一个企图利用珠颈斑鸠做诱饵抓捕猛禽的盗猎现场。

我的出现让原本躲在伪装棚里的那个人钻了出来。中年人,没有好猾的脸,也没有凶悍的表情,就是一个普普通通的乡村中年人,略瘦。他向我走过来,脸上带着尴尬的笑容。我还没开口,他先说话了:"哎呀,这个不让抓的,不让抓的。"我有些愕然,他分明是知法犯法。大约是见我面有愠怒,他继续讪讪地说:"就是偶尔抓一下。"我没搭理他,仔细看了一下四周,确认他今天应该还没有得手之后,问他:"知道不能抓怎么还这样?你这技术是老手啊?自己琢磨的法子?"他见我语气也不强硬,遂略略舒了口气,说:"我都是来这里跟这儿的人学的。"然后他指着天上正在飞过的凤头蜂鹰:"这种我们抓不到,它不吃鸟。"

听闻此话,可以确信此人是老手无疑——普通人哪里会懂得分辨这些?心底恨得牙痒痒——不知道多少猛禽已经祸害在他手里了。

我问:"本地人咋不自己抓?"他说这里管得严,外地人比较方便。我并不能确认他是否为本地人,不过听他的普通话口音还算标准,估计确实不是岛上居民。我用手机拍了周围的场景,也拍了那几只可怜的珠颈斑鸠。他没阻止,只是喃喃地说他早晨4点就来布场地,但是到现在还没有收获。我问他是否知道所有的猛禽都是国家二级保护动物,都能直接蹲监狱的?他说知道不能抓,但不知道具体多大的罪,还说他生活多么不容易。我静静地听他的"委屈",心底却越发地厌恶,因为在这个旅游业极其

被捕鸟者缝上眼睛用作鸟媒的珠颈斑鸠

发达的岛上，谋生并非太难。

我走的时候只说了一句话："你看看这些可怜的斑鸠，不怕遭报应么？"

当然不能等上天的报应，否则在这迁徙季节，天空飞过的任何一只游隼、燕隼等猛禽都有可能身陷囹圄甚至命丧黄泉。忍着愤怒离开了之后，我把资料交给了当地保护管理部门的领导。他们很重视，后续的执法和惩治此处不表。

后来我特意与涠洲岛当地的小年轻们聊到此事，想了解当地的一些情况，重点是当地人的看法。有点让我意外的是，这些年轻人听我一说，非常愤怒，骂那人太可恶；还问我具体地方，说要去揍那个人一顿。我说已经处理了，这才阻止了他们的冲动。他们说不能抓鸟，还说从网上看到北海有人拍到鸟的照片，好漂亮，也很珍稀，是要留给子孙后代看的。

这些年轻人是从附近过来打工的，似乎没有读太多的书，却很朴素地知道不要伤害野生动物，又说不是没饭吃，为何要干那种缺德事？当然，很重要的一点是得益于年轻人可以通过网络了解外面的世界和思想，也得益于那些通过网络传播了正确导向的人们。

然而，我真的高兴不起来。因为此次目睹涠洲岛的盗猎现场与后来在冠头岭听到的枪声相比，不过是小菜一碟、小巫见大巫罢了。

伤心冠头岭

冠头岭距离北海市区不远，近到懒得与出租车司机讨价还价。我起得很早，在吃了一大碗猪蹄粉之后，带着饱嗝就过来了。

一起来的还有"红鼻子""小狼"、兴峰等人。他们都为这次北海护鸟行动忙碌着，而我是来凑个热闹，帮着数数鸟、鉴别鸟种。与他们在现场的辛苦布展，以及繁琐的志愿者工作相比，我这是个轻松的活儿。周边的绿色沿着山峦向蔚蓝的大海延伸，一切在微凉的晨风里显得宁静又安详。

与每天早早就得抓紧时间觅食的林鸟相比，猛禽们过着休闲得多的生活。早上快8点了，天空中才出现一群小黑点。它们渐渐地近了，是凤头蜂鹰，带着奇幻的花纹随风而至。细小的脑袋缺少霸气，让人觉得很不过瘾。当然,它们不在乎我们的感受,御风的快乐它们自己知道就足够了:世界那么大,能自由飞翔已经是三生有幸,其他的又何足挂齿?它们从我们的头顶掠过——鹰河向海!

"又来了!又来了!""红鼻子"在喊,可是其他人都陷入了迷惑。空中依旧是灰白色的世界,云层并不曾散去,哪里有鸟的影踪?"在铁塔背后,很远!""红鼻子"继续喊着。众人顺着他说的方向望去,果然有几个极不起眼的小黑点。纵然我见识过国内不少"神眼",此刻也不得不对他佩服得五体投地。

望远镜里,那些小黑点幻化成飘荡着的黑色纸片。再近一些,原来它们并非林雕那般黑得纯粹,而是如燃烧之后轻飘飘的灰烬,带着一种阴郁的花白色——乌雕!高高在上的乌雕似梦里的幽灵,那么远又那么近,远到我们看不清它们的眼睛,近得我可以感受那强大鹰柱里直升的气流。"大鹏"展翅,扶摇直上!

迁徙时期的猛禽通常会借助气流进行飞翔,这样省力,毕竟动辄数千千米的飞翔很耗费体力。某些猛禽巨大的体型让它们堪称天空中的王者,却也成为需要克服地心引力的累赘。给"万物生"的太阳不只是让我们觉得温暖,也让上升的暖气流——无形的空中高速公路——出现在山与海交汇的地方。

冠头岭正是这样一个地方。它位于大陆的尽头,是猛禽踏上空中高速公路、跨越海洋飞向东南亚的跳板。我们来到此处追寻猛禽的翅膀,感受那温柔又持久的风,想和它们说声"再见",还有"一路平安"。

秋风起的季节,每天都有数百甚至上千只猛禽借此飞向更南的南方。那里终年温暖,四季花开,是它们的"理想国"。

红脚隼来了!娇小如鸽子的它们是吃昆虫的好手,也是大眼、红臀、黑盔、胸染墨点的帅气萌物。燕隼来了!它们是花样体操表演者,比红脚隼更矫健、更敏捷,不让你看花了眼睛都不肯离去。似乎是因为眷念,知道此番告别之后的再见将是很久之后的事情,猛禽们在空中进行一场徘徊悱恻的盘旋。无言,却仿佛有诉不完的衷肠!

来冠头岭的人渐渐地多了起来。志愿者们忙着给人们介绍保护候鸟

冠头岭观鸟护鸟和监测活动现场

的重要性,带领大家玩着各种生态游戏,不大的平台上一时间热闹非凡。不过,其中一些人一直在旁边默默地看着,并不参与。然而,看上去他们并非全然没有兴趣,目光始终在我们这群人身上。难道仅仅是因为志愿者们长得太帅?我拍了几张现场照片发到网络上,很快就有北海鸟友回复我说:"那几个人是打鸟的。他们是在放哨。"我愕然了!

对于冠头岭盗猎猛禽早有耳闻,可如此面对面还是让我有些措手不及。刚刚我还在给他们普及了候鸟保护的重要性以及盗猎的法律后果,他们也听得很认真,并不曾有一丝的慌乱。我来之前,有鸟友说他前几天刚刚来了冠头岭,听到了很多枪声。我并没有太往心底去,毕竟这里距离市区那么近,盗猎再怎么嚣张,还能严重到什么程度?而现在,这些人就大摇大摆出现在眼前!这里的盗猎究竟有多猖狂?

凌空而至的褐冠鹃隼让我暂时顾不上去追寻答案,沉醉在它巨大身躯留下的阴影里。

那天中午,忽然听到"啪、啪、啪"三声枪响,心头一震。这是我除了军训打靶之外,第一次如此近距离听到枪声。冠头岭臭名昭著的枪声终

空中交尾的蜻蜓（昆虫是迁徙季节鸟类重要的食物）

于还是来了,没有一丝丝的防备!天空中灰脸鵟鹰迁徙的鹰柱随着枪声顿时散开,好在没看到有随着枪声而落的个体。庆幸之余,愤懑未消,那枪声又再响起,嚣张至极。志愿者们一边报警,一边祈祷那些天空中的猛禽快快离开这个是非之地,同时分组行动去劝阻偷猎行动的继续发生。不过,当天警察没有抓到盗猎者,现场只发现子弹和猛禽的血滴,抓捕工作随后还在继续。

事后,FFI组织大家一起研讨进一步保护候鸟的方案。那天晚上,在北海最古老的街道,一座在设计师手里重新绽放青春的古老房子里,大家围着功夫茶桌讨论得很热烈,就像我们真的能实现目标一样。

可是,万一实现了呢?

后记:此行之后我又去了北海两次:第二次去是在2016年,受邀去做首届北海观鸟比赛的裁判长;第三次去是在2018年,受邀担任广西观鸟比赛的评委。幸运的是,一次比一次见到更多的人参与到对鸟类的保护活动当中来,地方政府参与保护工作也一次比一次多,而听到的枪声一次比一次少。路漫漫其修远兮,然而这种现象至少证明了当年我们在那个小屋子里促膝长谈后选择的路,走对了。

屏东垦丁
——秋风怒海鹰柱起

         我们被狂风挟带着暴雨敲打得狼狈不堪
              窝囊地逃回车内
                但无论如何
      那如同群鹰奔赴海天的豪情却在众人心中激荡不止

  去垦丁之前我们先在台中休整。逢甲夜市的吵闹和喧哗让人觉得头疼，不过谁都不能漠视这看似混乱背后的勃勃生机——吃的、喝的、看的、玩的，什么都有。有的铺子小到只是半个平方米的小推车，前面排的队却有十多米长。摊主们很少有年长的，大多在20～40岁，而且无论男女都敢露敢穿，新潮极了，不过嘴上吆喝的功夫却不输老北京的挑夫。这里的小吃分量很足，基本上一份就饱了。

  那天还参观了台中市鸟会吕先生的影展，而且影展就在他自家的店里。他家的店主要销售茶叶和茶具。我尤其喜欢那些杯盏，很好的设计，釉色沉密，让人爱不释手。当然，吕先生不是要卖东西给我们，他耗费三个月时间拍摄林雕从育雏到离巢的全过程，只是为了和鸟友们分享其中的艰辛和乐趣。看到挂在墙上、与实物同样大小的"森林黑阎罗"——林雕的照片，观者无不被震撼。吕先生才40出头，摄影却有30年，其中摄鸟11年。他说摄鸟很花钱，不过他有个好太太，得到她的全力支持，很幸福。女性真的很伟大！后来我们在阿里山遇到刘佳县夫人，也是令人敬佩（拙作《从野性到感性：山鹰观鸟记》曾提及她的故事）。

垦丁风光

  第二天下午才到垦丁。还未下车就见识了当地"下山风"的强劲——海边的椰树被吹得像是披头散发的女巫。高峻的中央山脉纵贯台湾岛，或许是缘于疲惫，在垦丁伏下了身姿，台湾东部花东纵谷里的东北季风终于得到机会，可以在此翻越山峦倾斜而下。于是，带着不可遏制的奔流的快感，风，成了这里最得意的主人——它掌控着鸟儿的飞翔，决定着这里植被的生长方向，塑造着这里的丘峦和土地，然后在台湾海峡、在南海、在太平洋*，掀起令冲浪者痴迷的巨浪。

  到垦丁观鹰**，这个梦已经做了好久！

  可是做梦归做梦，我并没有想到这么快就成了现实，甚至觉得自己还没有做好心理准备去应对各种突发的状况。然而，对漫天飞鹰的种种期待，在傍晚忽至的瓢泼大雨中全都化为泡影。归途中零星地遇到几十只从海面上归来的灰脸鹭鹰，却也因为天色黯淡，无法看个究竟。不过，只要梦不灭，一切都还有希望。

---

* 垦丁位于台湾岛最南端，因而垦丁海域是台湾海峡、南海与太平洋的交汇处。
** 垦丁是世界著名的猛禽观赏胜地。每年秋季，以灰脸鹭鹰为主的猛禽群体会从北方逐渐南迁并在垦丁集结，等待合适的天气和风向继续向南，跨域超过370千米的海域，抵达菲律宾的吕宋岛。在猛禽数量最集中的几天，天空中会出现数以万计的猛禽共同翱翔的壮观场景。

翌日推开窗，让自己的双眼去碰触刚刚露出的天光。雨停之后的山与海如兄妹般亲和，大地的绿与天空和海洋的蓝都是冷色调，映衬出垦丁乡野别致的清朗之美。

鹰群就在河对面的槟榔林中夜宿。多年后，我已经忘记了那条河的名字，也忘记了那座桥究竟有多少根吊索。回忆里，只有无数双翅膀从槟榔林上空升起，然后在我们头顶的天空盘旋。这些不断集结的鹰是风的游戏者，它们即将去海面探寻回家的路是否通畅。我在野外观鸟多年，以对单只的鸟儿仔细观赏为主，偶然遇到大型的鸟群，也多是由体小的鸽鹬类组成的。至于猛禽，零星看到一两只都是叫人高兴的事情。此时，数以百计的灰脸鵟鹰就在头顶翱翔，如此画面本该极其震撼心灵，然而我的心静若止水。或许是内心终究觉得这是个梦，疑惑这一切都并非真实，不敢相信自己的眼睛吧。

我拿起相机又放下——双眼就足够了，无需那些细节。只要静静地随着它们的翅尖去感受太平洋气流，感受河谷上空奔腾到海的激情就够了。飞翔、飞翔、去飞翔！

垦丁还有一种鸟儿很受我们的欢迎——台湾鹎。

台湾鹎看起来与大陆地区常见、它们的近亲白头鹎很类似，只不过少了些白发，脸蛋上多抹了些白粉。或许仅仅是因为"物以稀为贵"，我们都觉得它们比白头鹎耐看：大大的黑眼睛嵌在白色的面盘上颇有些滑稽，比白头鹎略小的身形也很萌。垦丁公园是台湾鹎的乐园，不过台湾鹎由于和白头鹎杂交，估计在20年之内有消亡的危险。

我们原本要奔到附近太平洋的岬角上去高呼以宣泄心中快意，却被狂风挟带着暴雨敲打得狼狈不堪，窝囊地逃回车内。但无论如何，那如同群鹰奔赴海天的豪情却在众人心中激荡不止。

从台湾海峡到浩瀚的太平洋，这里的海水不仅有绵延的金色沙滩婉约相伴，还有与顽石、礁岩的千年对峙，以及与珊瑚礁的犀利碰撞。

鹅銮鼻（南岬）的珊瑚礁海岸是台湾的地质奇观之一。那化身岩石的亿万珊瑚虫身躯，下挽浪涛，上牵森林，用锋利的棱角撕裂了太平洋的海浪和风，在无数的坑凹里，为一个又一个滞留在潮间带里的生物打造出小小的天堂。这片岩石用丰饶的矿物质,催生出一片又一片绿意盎然的海岸森林;又用多姿的构造将岬角、山洞和天然隧道融为一体,令游人迷失其间,而记忆中浓烈的腥气是纠缠悱恻的印记,是它与大海之间爱的遗留!

在垦丁,前来观鹰、赏地质的人远不止我们,还有数十辆大巴载着人群"呼啦啦"地汇集于此。孩子们雀跃地向天空伸出小手,兴奋地欢呼。毋庸置疑,他们是这种物候变迁中大自然最壮观一幕的见证者、向往者。将来,他们也会是大自然坚定的守护者。

垦丁大街面海而建,色彩艳丽的商铺和民宿林立。在这里,我们与从台北赶来观鹰的台湾鸟友老毛再度重逢。闲聊中,我又想起台中的吕先生和他的太太,还有逢甲夜市里辛苦打拼却幽默感十足的摊主们。无论是否喜欢观鸟,他们都是一群认真对待自己梦想的人。

能够遇见他们,真好!

冬之篇

冬天去哪里看鸟为宜？如果在国内，建议去最冷的地方，或者去最温暖的地方。

我国最冷的地方在东北和新疆，雪鸮、雷鸟等原本生活在北极圈以内的鸟类会在冬季纷纷来这些地方取暖和觅食。在我国的热带地区，到了冬季，来自北方的寒潮虽然如强弩之末，但足以让南国原本密不透风的森林变得稀疏和明朗，鸟儿们更容易暴露在外，让人大饱眼福。

此外，在我国中部地区的长江流域，大型淡水湖泊在冬季进入了枯水期，袒露的湖床上野草疯长，成了雁、鸭、鹤、鹳等鸟类主要的越冬地。尽管凛冽的寒风确实让人痛彻骨髓，但是这些水体周围视野开阔，非常有利于观察。当听见白鹤在头顶鼓翼的声音，当眼前有雁鸭列队飞过，会让人想起郑智化唱过的歌词："这点痛，算什么？！"

对于经济条件不太宽裕的观鸟者来说，冬季观鸟还可以享有特殊的福利。这个时期很多山林景区的门票可能会打折，而且这些地点通常鸟类等野生动物资源较为丰富，游人的干扰也少，何不乘机去好好瞧个够呢？

竹叶冰凌

厦门大嶝岛
——重逢大约在冬季

> 这只红喉潜鸟是我见过的最美的
> 也是最奇特的黑白色调搭配的鸟
> 它是我见过的最孤独的
> 也是最快乐的冬候鸟

自从前几年在大嶝海域发现有一只红喉潜鸟在此越冬之后,年年能听到它回来的消息。然而,除了第一年跟着大队人马着实凑了一把热闹,这几年的冬季我只匆匆去那里看过一次。甚至,就连这点印象都已经开始模糊,让我疑心自己究竟有没有再见过它。

我想它了。于是吆喝着鸟友们周末一起去看它。

我们天刚亮就出发,半个小时便到了大嶝岛。偌大的水塘还没看见鸟,就先看见塘埂上停着一辆熟悉的汽车,便知道鸟友"蓝鹊"来得比我们早多了。

水面上有很多凤头䴙䴘。"蓝鹊"抱怨没看见红喉潜鸟,我却说:"大哥,你起太早了还犯着困吧?距离我们最近的那只不就是?!"

青绿色的水波之上,一只红喉潜鸟不时地翘起一只黑脚丫子,侧着身,扭着前白后黑的长脖子,用尖而微翘的喙将尾脂腺分泌出的油脂涂抹在羽毛上。它黝黑的背上布满了白色的斑点,像挂满星星的夜空;腹部是白的,雪一样。不知为何,它忽然用力扑腾起翅膀,却没有飞,而是在水面上站立了起来,小而尖的翅膀与肥硕的身体形成了滑稽的对比。

红喉潜鸟（WINE 摄）

　　然而最令人惊讶的莫过于在它的白肚皮中间出现的一大块黑斑——墨汁般浓郁，这是我看过不下数百张与红喉潜鸟有关的照片却从来没有注意到的现象。实际上，红喉潜鸟在水面挺胸直立这种类似凤头䴙䴘常有的姿态我都不曾见过。架上单筒望远镜，嬉戏中的它有着无比快乐的眼神，微微的笑容一直挂在嘴角。或左或右，或浮或立，或翻或潜，仿佛世界就是它单独的舞台，而观众也是它自己，故而如此忘情逍遥。

　　这只红喉潜鸟是我见过的最美的，也是最奇特的黑白色调搭配的鸟*——背如满天星，腹似雪中砚。同时，它是我见过的最孤独的，也是最快乐的冬候鸟——就那么一只，秋季从北极飞来，在这海浪间不亦乐乎，春季又独自北飞。我忍不住用手机贴着望远镜拍了一小段视频，效果虽然不佳，但足以记录它给我们这些鸟人最真实的喜悦。

　　台湾鸟友阿万的车停在塘埂的另一边，上千只黑腹滨鹬、环颈鸻和红颈滨鹬组成的鸟浪成了那辆车变幻的背景。背景里最精彩的要数守候在闸口的红嘴鸥：近乎悬停，翅膀摇得如同幻影，紧盯着被潮水裹进来的小

---

*　红喉潜鸟的喉部只有在繁殖季节才会变成绣红色，其他时间都是白色的。

鱼儿，看准机会，猛地俯冲下去，瞬间带着水花又腾空而起——尾下的水珠还在滴落，嘴里的小鱼儿已经命丧黄泉。

之后我去了东园。成群的黑颈䴘䴘中有个心急的家伙竟然已经长出了繁殖羽：裹着一袭黑缎裁制的晚礼服，一撮团扇般的金色羽毛装点着红宝石一样的眼睛，像极了威尼斯街头的假面女郎。它在舞池般的水面上游弋着优雅的华尔兹，带着诸多诱惑朝我款款而来。然而就在我的翘首企盼中，好不容易等到它来到我的身边，正欲上前亲近之际，它忽然来了一段轻快的小狐步舞，随即离我远去，只留给我百般怅惘。

与黑颈䴘䴘不同，远处的红胸秋沙鸭一家子在随波漂荡，一副岁月静好、与世无争的模样。红胸秋沙鸭也是我的老朋友，当年在厦门首次发现它们的时候，我就在现场。它们秉持着静默的本性，不喜被人打搅。我们远远地对望，便算是已经彼此问候过了。所谓"君子之交淡如水"，就是如此吧。

红嘴巨鸥、黄脚银鸥、西伯利亚银鸥……东园的滨海湿地上空，还有很多鸟儿。它们从我面前飞过，或者直接掠过我的头顶。我索性放下望远镜，期待着或许这样它们就能从我的眼底看见它们自己的影子——那些已经刻入我骨髓的影子。

我又想它们了……

后记： 由于厦门新机场的建设用地就在大嶝岛，本文中提到的大嶝岛红喉潜鸟冬季栖息的水塘因此面临"翻天覆地"的改造。截至本书付梓之时，此地最后一次出现红喉潜鸟是在2016年冬季。

常熟尚湖
——湖上逐鸟冷风狂

浅灰色的嘴角微微上翘

热恋情侣般相视一笑

这等甜蜜,暖得直叫人忘记天寒地冻

冬季的尚湖就是一大摊水。

湖边虞山上的树木都已落叶,只剩下黄褐色的枝干顺着山势而下,在湖边列阵如同戍边的将士,铁骨铮铮又伤怀满目。

小龙、朦龙这两条"龙"带着老金、"飞鸽"和我从上海一路奔袭此地。车停在长堤上,身边狂风咆哮着,透过肌肤直往骨头里敲打,平素幽静多情的柳枝此刻一如魔女的狂发。湖面白水茫茫,浊浪飞逐。浪花被风诱惑或劫持,最终又被无情地抛在堤岸上,转瞬心冷成冰,寒气丝丝。看来果真是有"龙"到此,搅得这原本一摊静水如此翻江倒海。

我们到常熟尚湖风景区的目标很简单——找白秋沙鸭(又名斑头秋沙鸭)。为了这熊猫般可爱的小家伙,今早5点钟,众人就迎着今冬最强劲的一股寒流从上海出发了。然而,此刻的湖面上只在近处有几十只可爱地蓬着绒毛的小䴘䴘,其他鸟影全无。

这几位鸟友平时都是以鸟类摄影为主,找鸟的任务自然就落到我身上。这对我来说不是什么难事,多年水鸟调查的经验让我很快就发现了白秋沙鸭的踪影。可惜距离遥远,它们在望远镜里不过是些白点而已,而最佳的拍摄距离至多不超过50米。这该如何是好?众人商议后决定绕湖

等待拍摄机会的鸟友们

缓行,慢慢寻找近距离拍摄的位置,还可以顺路看看有没有其他比较稀罕的鸟。

湖的南岸,隔着一条乡村公路,有一片农田。

冬季的农田是很多鸟类,比如八哥、喜鹊、灰头鸫的天堂,而一些近乎干涸的鱼塘则是白鹭、大白鹭和苍鹭的天下。这片农田的边上有一条约10米宽的林带,树鹨、珠颈斑鸠、山斑鸠和乌鸫看来是这里的常客。一只普通鵟停在我们10米外的树枝上休憩,大家正打算按快门,它却被路过的大货车的喇叭声给惊飞了。林下层的灌木备受北红尾鸲、红胁蓝尾鸲等小家伙的欢迎。农田中间有一条不算宽的水渠,长满了芦苇,藏在其中的绿翅鸭被我们的脚步声惊动,如同偷用母亲化妆盒的女孩被撞个正着,带着奇异的烟熏晚装羞奔而逃。黑水鸡和骨顶鸡(白骨顶)是见过世面的,并不畏人;见我们靠近,只是缓缓地游开,绅士派头十足。

可惜这条公路车来车往,鸟儿稀少,我们难以拍摄,便将目光放回到狂风大作的湖面。

伸向湖心的小岛周围都是枯黄的芦苇。这些芦苇的茎秆虽然已经枯黄,在风中却满是倔强,纵然被风压了下去也随时伺机反弹,于萧瑟中让人见证柔者的力量。

岛上有座被废弃的房子，浸没在水里半截了。还有条被废弃的小木船，在寒风肆虐的水面上近乎狂乱地摇摆，不知该怎样漂泊才好。

小木船不知道，但野鸭们知道。湖水被狂风搅得有些浑浊，色如奶茶。300多只凤头潜鸭就聚在那房子四周，像珍珠奶茶里的黑豆一般随浪隐现。忽然间，镜头里出现一只红头白身的大家伙。在一群黑不溜秋的凤头潜鸭中，它高昂的颈脖、细长的红嘴、素雅的身段带着公主般的骄傲。这简直就是中了彩票！本打算过几天去杭州西湖看的普通秋沙鸭，没想到在常熟就先见了。

上天突如其来的奖励让我有些激动，于是全然不顾寒风凛冽，猫着腰，沿着荒草丛生的长堤，顶着风向湖心岛小步快跑。长堤另一侧的湖面被更多的小堤埂分割，数百只白鹭在芦苇丛中静静地等待这场风暴过去。我的意外出现惊扰了它们，一时间"呼啦啦"全飞了起来。我见过无数次白鹭翔空的景象，但此刻置身于茫茫湖中，寒风就在耳边呼啸，堤上荒草铮铮，那些在阴沉的天空下忽然展开的白色翅膀，如千百朵白莲一齐绽放，真的让我愣住了。等我回过神来，心底唯有对自然的顶礼膜拜。

良久之后，终于平复心情，转身再去看那只普通秋沙鸭。它早已随波漂远，虽然倩影依旧，但再也无法与其神情交会了。你问我观鸟是快乐的么？望着普通秋沙鸭远去的背影，捂着被风吹得麻木的脸，忍着手臂上像被荆条抽打过的疼痛，看着脚下挂满冰柱的荒草，还有身边四位年近退休却扛着脚架和"大炮"的鸟友，我真的不知道该怎么去回答你。我只知道如果这颗心不快乐，便不会有眼前的一切。

继续前行，看见斑嘴鸭从湖面上飞过。我们不时地停下来，继续在湖面寻觅，可快到正午还没看见白秋沙鸭的影子，难免有些沮丧。就在此时，小龙大哥的车不小心撞上了路边的树，不得不叫来拖车，好在车上的人没事。大家嘴上没说，心底似乎都觉得此行颇为不顺。可再想想，真没什么大不了的——观鸟原本就需要坚持平定淡泊的心境，这样才能体会个中滋味。于是大家重新振作起来，让小龙留下来等拖车，我们四人先去解决吃饭问题，下午再战。

普通秋沙鸭（雌鸟）

　　托老金的福，我们享受了一顿相当丰盛的午餐。然而小龙还在寒风中，我们当然不能只顾着自己养精蓄锐。众人嘴一抹，匆匆往回赶。

　　车刚靠近湖边，两雄一雌共三只普通秋沙鸭再现浪涛之间，距离也近。可等朦龙和"飞鸽"架好相机，这些普通秋沙鸭已经"漂"然远去。对它们而言，在恶浪叠涌的湖面上生活真的就是闲庭信步。羡煞我们，又让我们无可奈何。

　　前面是一座桥，栏杆是白色大理石的，远看如玉带横波。桥的外侧是波澜壮阔、恶浪滔天的大湖，内侧是风平浪静的小湖，所有的喧闹在此戛然而止。坐在车上的我对着大湖的水面看了一眼便条件反射般大叫起来："停！停——！停停！"

　　白秋沙鸭！一雄一雌，就在桥下20米远处，可爱到让你不知所措。此刻连说话都嫌耽误时间，我忙着看，他们忙着让快门响成一串。

　　雌白秋沙鸭顶着红棕色的头羽，与浑身只有黑白二色的雄鸟左右环绕，形影不离，偶尔潜水———一前一后，翘起同样黑白分明的屁股之后，就倏地从水面上消失了。等得我们的耐心都快消失时，它们才同时露出长着"熊猫眼"的雪白脑袋，浅灰色的嘴角微微上翘，热恋情侣般相视一笑。这等甜蜜，暖得直叫人忘记天寒地冻。忽然间，雌鸟有些娇嗔地转背过去；眼见雄鸟跟了过去，那雌鸟却不知为何一改先前的温存，并不搭理，而是双翅一振，脚掌在水面扑出几个涟漪，径直向我们飞了过来。

没有丝毫心理准备，我们只能眼睁睁看着这只鸟儿从头顶上方5米处飞过，手中的相机却连方向都来不及转。幸亏那雌鸟并非真的生气，心底还是舍不得雄鸟，并没有飞远，而是从我们头顶飞过之后，径直落在桥内侧的小湖里。水波平静，又顺光，众人顿时乐不可支。

朦龙和老金去接小龙，我和"飞鸽"继续值守。小湖里的小䴙䴘很多，扑腾嬉闹着实令人喜悦。可惜今天的明星不是它们，现在想获得这些摄鸟人的青睐那真是比登天还难。我正在想雄白秋沙鸭怎么不过来哄哄老婆呢，那雌鸭忽然回心转意，又飞回去与它相会了。雄鸭显然异常高兴，左右其周，再不敢有些许怠慢。我们眼见着它们一起脚掌轻拨，带着甜言蜜语随波遁入茫茫水面直到消失不见。

晚了一步的小龙遗憾万分。因为车的事情，他今天有些沮丧，大家本指望这两只白秋沙鸭能够给他点安慰。可眼前空荡荡的湖面就像他的心绪一般，任由四周阳光灿烂，寒意不减。

众人决定陪小龙继续坚守。所谓"功夫不负有心人"，白秋沙鸭夫妇终于被我们盼回来了，再度飞临小湖。带着重逢的幸福，我们低声欢呼着，为它们的爱情留影。小龙的脸上红通通的，不知道是被冷风吹的，还是内心的雀跃和激动所致。我在湖边向虞山一拜，此行终于圆满。

离开前我们绕湖一周。天空中有两只海鸥[*]奋力翱翔。阳光中狂风不息，它们迎风而舞毫不退缩，宛若神鸟熠熠生辉。大自然用冷酷孕育了如此顽强的生命力，我们如何能不心向往之？

告别尚湖回沪，车从太仓的入口上高速公路后没多久，一只雄环颈雉从我们车前飘然飞过。它身如霞帔，尾似长虹，翅像彩云，眼若灿星；没有一丝神情慌乱，也没有一分焦灼不安。它的出现很突兀，时机却掌控得恰到好处，带着令人惊叹的勇气和智慧。它美得让人臣服，不是因为外表，而是因为，它有一颗热爱飞翔的心。

---

[*] "海鸥"通常有两种含义，一种是日常对话中，对所有鸥类的习惯性统称；另一种是特指鸥类中的一种，中文名"海鸥"，生活在近海海域或内陆湖泊。此处为后一种含义。

绵阳王朗
——空山雪落惊飞鸟

> 它们总能给我无限的快乐
> 哪怕在冰天雪地间也是如此
> 让我知道即使困难重重
> 生命并不会轻易凋零,也不肯真的沉寂

前　　往

在去之前,我并不知道四川王朗国家级自然保护区(以下简称"王朗保护区")就在九寨沟的旁边,翻座山就到。只是想去看鸟,对风景并无奢望,何况还是万木枯槁的隆冬季节。不料车出江油市,过了一条长长的隧道,刚进入北川县境内,漫天的雪花飘然而落,一场纷纷扬扬的惊喜不期而遇。

车到平武县城,我们在报恩寺后的一家馆子用午餐。看着那些白色的飞雪划过古刹殿红的长墙,恍若身在紫禁城内。山头早白了,如耄耋老者守护着山下盘旋的公路,渐渐地路上也有了积雪。雪已经有15厘米厚,松软得很,抓一把冰冰凉,却很难捏成团。

我们的车沿着盘山公路继续往上。雪依旧在下,风很大,雪粒又干,刚落地就被卷走,很难形成积雪。放眼望去,群山跌宕起伏,在飘雪中朦胧难辨。山中寒风刺骨,山间的溪流和小湖都已经结了薄冰。绿头鸭在上面一摇一摆地走,结果被大风吹得东倒西歪,让人看着揪心。

绿头鸭（雄鸟）

我们的车在雪地爬坡时险些出现意外

　　我们也好不到哪里去。有些路段结了冰，车猛地在原地打滑，转了一个180度，吓得众人一身冷汗。还好人车无恙，虚惊一场。之后倒也一路顺利，走走停停，最终到了平武白马寨。

　　白马寨是白马藏族的家园。这个深山之中的奇特族群不说一般的藏语，生活习惯和着装也与寻常藏族有所不同。他们传统的帽子上都插着白色的公鸡羽毛，即便在飞雪飘舞的世界里，帽子上的那几枚白羽依旧显得耀眼而纯洁。

　　过了白马寨后，我们继续往上。海拔超过2 000米之后，那个像锅盖、让整个成都平原不见阳光的大云团已在我们脚下。在细软阳光的撩拨下，人的心情想不好都难。

　　雪已停，路边鸟儿的身影在灌丛里已经藏不住了，比如灰头灰雀。我一直替这种鸟儿叫屈：雄鸟橘红色的胸羽漂亮极了，偏偏得了两个"灰"字，真搞不懂给它们取名字的人是怎么想的。这里白眉朱雀很多，还有鹀类，可惜都没等我们看清楚就飞走了。

　　橙翅噪鹛从王朗的山门处就开始欢迎我们，当然，它更有可能是为了炫耀自己。这只浑身黄褐色的鸟儿本是平淡无奇，偏偏两翅是镶嵌了蓝边的青橙绿，鲜艳夺目，一旦飞起来，比旁边那只浑身黄白斑点密布的大噪鹛好看很多。

山门之后只有窄窄的小路，积雪较厚。好在雪质松软，车行无碍，七拐八弯终于到了保护站的宿营地。此时暮色已浓，雪夜山村美若俄罗斯著名风景画大师列维坦笔下的世界：宁静安详，窗户里透出的昏黄灯光像温暖人心的希望。

宿营地后面用围栏圈起几个小农场，农场边缘是叶已落尽的灌木林；再往上便是针叶林，能听到蓝马鸡就在那里犬吠般地鸣叫着。还有很多大嘴乌鸦，但它们的叫声并不动听，尤其是在如此寒夜，让人莫名其妙地一阵阵惶恐不安。

积雪的反光让这里的夜晚不会显得幽黑难耐，绒毯一样的雪地踩上去"吱吱"响，化作身后一连串的足迹，那是我们一步一步用心走过来的。

观鸟，从全国起初只有几个人，到现在几乎每个省份都有了民间自发的观鸟组织。这些年，大家一起努力着、欢乐着、揪心着。每一步的"吱吱"声，只有我们听得见，但走过的足迹，整个社会都会看见。此行到王朗有一项很重要的任务，便是与绵阳爱鸟协会的几位鸟友一起帮王朗保护区制作一面宣传墙；搞设计的小宝费了很多心思，绵阳的鸟友们自掏腰包印制。我有幸参与此活动，虽然并没出什么大力，却满心欢喜。

入夜，寒气逼人。在保护站的小屋子里，我们和衣入眠。

观　　鸟

冷！早早醒来，还是冷。索性起床。

山中晨来晚，天空还是灰色的。东边的山背后有隐隐的亮光，西边的雪山则雄浑而静默。须臾，东边的山背后的光越发明亮，天色也变成温润的淡蓝。同一瞬间，西边那原本蓝天下洁白的雪山突然如韦驮菩萨面绽金光，灿若红霞。天光开启下的"日照金山"让人顿生膜拜之心，若不是满地积雪寒气逼人，只怕难以遏制冲动，早已屈膝跪下。

北边山坡上阴暗的林地被阳光渐渐地敲开心扉。几十只蓝马鸡晨鸣的合奏让寂静的山林变得热闹非凡,就连逼人缩手缩脚的晨寒似乎也在这番吵闹中弥散了不少。

日头渐高,小雀们越发活跃。菜地里绿油油的小青菜怎么会飞来飞去?定睛一看,啊!原来是领雀嘴鹎。在白雪的映衬下,这里的领雀嘴鹎比起低海拔的同类更油亮。不夸张地讲,它们简直就是长着翅膀的祖母绿,令人着迷。

让人着迷的何止是领雀嘴鹎。清晨的山林,还有更让人痴迷的鸟浪。

头顶忽然飞来一大群鸟儿,尚未看清楚,身后与此群相向又飞来一群。它们"呼啦啦"地在空中交错而飞,让我们错愕不已。这是什么种类?好大的阵势!莫不是山神用来唤醒山林的两面大旗?瞬间后,阳光爬上山脊,被山林分割成千万道明晃晃的光线,再落在那舞动的"大旗"之上。天啦!那是怎样的蓝啊?!比海更深邃,比青金石更令人沉醉,整个天空都为之失色。这是蓝大翅鸲,高山上热烈的群舞者!太美啦,忍不住了!早起的鸟人们跟随它们一起在森林里欢呼。

蓝大翅鸲群(蓝色为雄鸟,其他为雌鸟)

地上、林间、雪山之巅，还有这世间最美的翅膀上和我们的心里，初升的阳光用一点点的温暖和无尽的光辉，轻易地就征服了整个世界。多么美妙的清晨呵，恨不得时光就此停住！

然而，肚子不争气地"咕咕"叫了，赶紧去餐厅。早餐不能少，否则哪来的力气去看鸟？可恼的是，木屋餐厅外的一排松树上，跳跃不已的小鸟们分明是铁了心不让我安心吃饭——我只好往嘴里塞个鸡蛋后又冲了出去。

褐冠山雀与橙翅噪鹛不知道为何一大早就吵了起来，而且你追我赶地从第一棵树窜到最后一棵，始终不肯停歇。它们上蹿下跳，一会儿露个翘辫子的小脑袋，一会儿翅膀闪出一道艳丽的橙光，更多时候却被枝叶遮挡着，连屁股都看不清楚。我这个急啊，嘴里的鸡蛋差点噎着自己。不管怎样，它们这一溜烟的赛跑让我收获了褐冠山雀这个个人新纪录，只是没能看过瘾，还是有些遗憾。小宝在屋子里喊："粥凉了！"我这才想起早餐只吃了一半，赶紧回去继续吃，心底还想着，这褐冠山雀还得找机会仔细看看才好。

出了宿营地，我们向西走，这样顺光。抬头，雪山就在正前方；脚下，洁白的雪地上有一长串煞是可爱的小爪印，显然已经有某种小兽比我们起得更早。有细细的小鸟叫声在树梢间跳跃，我来不及去寻找就被同行的人拉走——雪景实在是太美了，让人觉得可以暂时忽视一下鸟儿们的存在。小宝干脆就在厚厚的雪地上打起滚来。溪边的麦冬叶上结了厚厚的冰，像一个大冰扫帚贴着潺动的水面。

不得不承认，有些鸟是无法忽视的，比如那只白冠燕尾。溪流的寒冷对它而言似乎并不妨碍，结了冰的石头异常溜滑看来也不是问题。它翅膀一扇，长尾巴一抖，用一声尖锐的口哨应和着溪水的歌唱。穿着小礼服的它节奏感很好，就像在玩跳格子游戏似的，沿着河道寻寻觅觅，留下属于它的精彩。白眼狼似的大噪鹛既让人难忘，又让人难以捉摸：说好看吧眼神里带着庸俗，说难看吧浑身上下斑斓无比，真不知道怎么形容才好。竟然还有红嘴蓝鹊！这种鸟分布可真广，居然可以从海边一直活动到这样的大山里，带着永远不变的聒噪、华丽的羽毛、聪颖的团队合作和凶残的本性。

　　阳光很好。树林的斜影在雪地上如同步调整齐划一的兵团,守护整座大山。其他人继续向前看风景,只有被下了"寻鸟蛊"的我折回去继续看鸟。

　　这是一片高高的松林,高得让人仰望到脖子疼,而褐冠山雀和黑冠山雀就在树冠间来回飞舞。为了看清楚黑冠山雀的红屁股,免得与沼泽山雀混淆,雪化了渗到鞋子里面我都没有察觉。还飞来一只高山旋木雀,可一转眼就绕到树背后去了。

　　太累,索性不看了。见到一条无人走过的岔路,铺满了厚厚的雪,我深一脚浅一脚地探进去。一拐弯,豁然开朗起来——溪水在此汇聚成潭,映着山谷如画;几根被砍伐后的巨大原木堆在水边,雪静静地覆盖在原木上面。脚下"吱吱"的踩雪声不断打破这里原本的宁静,让我每一步都诚惶诚恐。

　　正午的时候,大家忙着给王朗保护区张贴宣传观鸟的海报。我见帮

山区冬季风光

不上什么忙，便走到营地门口的一处垃圾堆放点附近等鸟看——雪后鸟儿觅食困难，垃圾堆就成了它们的希望。所以，跟赶集似的，褐冠山雀、褐头山雀、黑冠山雀、绿背山雀都来了，就连褐头雀鹛也来凑热闹。距离很近，我几乎可以看到它们眼中的我自己。早晨没能看清的褐冠山雀此刻正甩着卷曲的小辫子，嘴角挂满微笑，与我眉来眼去。其实绿背山雀比它娇艳得多，曾经在福建看到的黄颊山雀也比它靓丽，但是褐冠山雀的质朴与可爱会让人打心底生出怜爱，就像一辈子见过无数次无数种笑容，却始终觉得婴儿在睡梦时的笑最撩动人心。褐头雀鹛与褐冠山雀不同，它的白眼圈和翅膀上的色彩颇有质感，而且更让人印象深刻的还是它活蹦乱跳的劲头——让人觉得生活充满了欢乐。

一只红头红屁股的大斑啄木鸟让这个原来以黑白二色为主的世界火热起来。我站在左边它就向左，我向右走几步它就跳到右边来，让我明白什么叫"有职业道德"的秀场表演。

我爱这些鸟儿，它们总能给我无限的快乐，哪怕在冰天雪地间也是如此，让我知道即使困难重重，生命也不会轻易凋零，不肯真的沉寂。

再一次入夜，屋外星光灿烂。贴心的保护站工作人员给屋里送来了一台取暖器——温暖，就这样悄悄地来到每个人的身边。

回　　程

第三天一早，山南那些化过的雪上结了一层霜。阳光将霜通通变成晶莹剔透的钻石，折射出一个又一个七彩的童话。我难以描绘，相机也无法记录。比起雪世界的妖娆，这霜的天地就如少女的明眸在微微闪动，让人情不自禁就陷入了一场目眩神迷的美梦之中。

离开了王朗，回程的路上再次途经来时被冰封的高山水库。此时湖面已化开，湖水宛若温润的翡翠，倒映着雪山的村落。我们正在美景中徘徊流连，一只金雕从头顶盘旋而过。它的眼神锐利似刀锋，金灿灿的颈羽令人想起非洲草原上的雄狮；一声长啸划过天际，这是它在向我们宣示领地。这真是我们此行最意外又最让人兴奋的收获！在它那矫健的身姿、巨大的展翅和神祇般神秘的行踪面前,旅途的劳顿皆成浮云。

王朗,我们离开了,带着有限的收获和无限的眷恋。

回到成都后,我给远方的朋友寄了一张贺年卡,上面写道:"这个新年,我来到王朗,是杜鹃花开得最晚的地方……"

阿坝九寨沟
——雪舞缤纷山雀鸣

> 开心大大的
> 像这鸟浪里鸟儿的数量那么庞大
> 开心小小的
> 私享的甜蜜就像它们细密的叫声

抵 达

她的芳名在中国乃至全世界都魅力十足,让人想要与她亲密接触。可正因为看过太多相关的影像记录,她的神秘在我的心目中早已荡然无存。若不是为了看鸟,我是不会来九寨沟的。

车出成都。路边2008年5月12日那场大地震的痕迹犹在,依然让人看得触目惊心。好在经过几年的复建,灾区的村寨和城镇都已颇具规模。对于那些生者来说,这或许算是一个安慰。

盘山公路一路向上,车子左摇右摆,乘客昏昏欲睡。忽然间,有人"哇"地惊叹起来——海子山果然名不虚传!这高山之下的一汪碧水深邃得像温情的眼眸;雪山倒映其间,如收敛了桀骜的汉子,正睡在爱人的怀中,沉静而安宁。遥远的山谷里有一片片如玉的青水,而溪流——山谷中欢乐的歌者将这些被称为"海子"的水潭串联起来,让这古老寂寞的山峦多了几分青春活力。

山越来越高。

青藏高原东部的山区

接近松潘的时候，雪山在车窗外一字排开，光明的山顶在蓝天下熠熠生辉。大地刚刚迎来最微弱的一丝春意，桃树隐隐地鼓起花蕾，河边的柳条透出微弱的绿，不细心的话几乎看不出来。这里路面的海拔约3 575米，已经很难看到阔叶乔木或常绿针叶林，而低矮的灌丛是山峦中的主角。

一对金雕在雪线上空高高翱翔，这是我此行看到的第一种鸟。虽然只是惊鸿一瞥，却让我忍不住对这次九寨沟观鸟行充满期待。周围有很多大嘴乌鸦，还有一大群岩鸽在地面上觅食，偶尔能看到红嘴山鸦。停车休息的时候，敏捷的白鹡鸰和大胆的橙翅噪鹛都在残雪未消的地面上跳跃。有些冷，我紧了紧衣服，不过昏沉沉的脑袋倒是因此清醒了很多。

过了松潘就距离九寨沟不远了。山路转而向下，山林忽然变了模样——峻峭的山间到处是葱翠的针叶林，如傲然挺立的仪仗队在欢迎我们。此前满眼的荒芜和冬季的黄褐色终于在这里结束，眼睛跟着舒缓起来，高原反应造成的头疼不知不觉消失了。路旁的山涧仿佛是一条条被谁敲碎了的带着盈盈蓝光的玉石。

路过甲蕃古城，浓郁的羌族风格扑面而来：碉楼高耸，四角屋连接成片。与其他地方羌族民居多用褐色的山石不同，这里用的石头都是青色的，在高原灿烂的阳光下，像唐三彩中的绿釉，散发出迷人的光泽。

终于到了九寨沟。没有太多的惊叹，沟外的小镇景色在四川北部实属常见，只是这里的水与其他地方（比如我去过的王朗）相比，似乎更加透明，流动中还带着特异的玻璃般的清脆感。几乎听不到鸟的叫声，这让我有些失望。

在青年旅舍安顿好后，我到小镇的周遭走了一圈。只看到四种鸟：除了白鹡鸰、远东山雀和大嘴乌鸦，还有在天空中盘旋的金雕。这只金雕是一只亚成体，翅上的白斑相当醒目。

山林依旧寂静，日头也渐渐西沉。

明天，会有一段完美的旅程么？

风雪行

第二天显然算不上完美。

早晨6：45，窗外还是黑的。等到7：10时起床一看，外面正下着雪，山林全都白了，想必昨夜下了很久。这样的天气无论对摄影还是对观鸟都是灾难性的，而且雪还越下越大，直到下午3点才停。我能说什么呢？

出发前看了一下地图，从景区入口到洛日朗瀑布大约有14千米的路程。因为要观鸟，所以决定不买车票。孰料观鸟和摄影的最佳路线——木栈道最开始的入口被铁丝网封住，无奈之下只能走公路。幸亏地势平缓，倒也说不上辛苦。不过，这么一来，既远离溪流沼泽，路旁的树木又高大无比，观鸟，几成奢望。

直到走近芦苇海我才拿出相机。飞雪中依稀有那么一道碧蓝的水，宛如仙子的飘带在枯黄的高山芦苇中逶迤而过。大山灰蒙蒙的，那些青松被积雪压得很狼狈。一群灰喉鸦雀的聒噪成了我这个早晨耳闻的第一声鸟鸣。望远镜的镜头在风雪中已经变得湿漉漉的，非常影响观察。幸亏小家伙们善解人意地从芦苇丛中跳到路边来，让我得以一饱眼福。

更大的惊喜出现了：木栈道在此处终于有了入口；刚进木栈道，立即就有白喉红尾鸲飞过来。木栈道在这片松林里近水而建。水色蓝若天青；贴岸的顽石上台痕深深，宛如玄铁。白喉红尾鸲夫妇正在顽石上互诉衷肠，每当聊开心了，便来一段翩翩之舞；谈兴奋了，彼此再来一场嬉戏追逐。此情此景，真的是虐煞"单身狗"！两只大嘴乌鸦飞过双龙海上空，原来低缓的叫声突然变得慌张。随后，一道黑影飞进我眼前的树林，定睛一看，发现10米远处，好一位威风凛凛的"关将军"——一只成年雄雀鹰涨红着脸，挺着红肚皮站在树枝上，正用凌厉的目光巡视积雪的山坡呢！

雀鹰飞走后，我的头顶上又传来细细的叫声。树干上那只头朝下的鸟儿不是普通䴓又是谁？这个小东西绕着树干上上下下，红桦的树皮被它翻啄得哗哗作响。它还不时地屁股朝上，凸着脊梁，翘起脑袋发会儿呆——神情顽皮，令人喜爱。背着行囊、挂着相机、举着望远镜的我，仰得脖子都有些

雀鹰（林子大了 摄）

吃不消了，还是强忍酸楚，把它里里外外看得清清楚楚才罢休。

双龙海的上游是卧龙海。溪水穿过灌丛和杉林，声声不断，碎玉飞花。整个山林都被风雪冻在一起，只有这儿的水还生机勃勃：从一个海子跌宕到另一个海子，从一汪翡翠化成一池闪烁的宝石。湖心的水泛着海一般的深蓝，在近岸的地方却变成柳芽一样的嫩绿；不一样的色彩，但一样的清澈见底。那些倒在湖里的死树被钙华包裹着，并不腐烂，依旧保持活着时的身姿。它们是上古时候的神话，至今依旧在无言地述说。我到此能看得一眼，想来也是一段缘分吧！

卧龙海再往上的一串海子是树正群海。仿佛山谷里的一串琉璃项链，大约是它的美让暴风女神心向往之，所以她掀起这漫天迷离的雪花，不肯让众人尽情窥视。树正瀑布距此不远，不高，却因水势浩大而轰鸣远传。瀑布上方的老虎海里的水原本平静如镜，慢悠悠地晃过一片"梨花"盛开的灌林，到此猛地跌下来。洁白的雪和牛乳般的流水将岩石包裹在其中，千万道水争相拥挤着奔腾向下，冲开一道沟壑——那都是跌碎了的琉璃啊，明晃晃地闪着我的眼睛！群山的静默与瀑布的飞动交融在一起，那一刻的天地，除了风雪和水声，就是我的快门声了。

可是，鸟呢？即便风声已经霸占了我的耳朵，尽管雪花几乎让望远镜无法看清，可我怎么能继续待在没有鸟儿的山林里呢？木栈道已经中断，我重新回到公路上,逆着风雪前行,胸口的雪花隔着雨衣堆积不化。

鸟儿呢?

啊!在那里!在高高的树顶上!掏出纸巾擦干望远镜,鸟是找到了,可镜头里都是密匝匝的雪花在飞,想逆光辨识出树顶上的那只究竟是什么鸟儿只是痴心妄想罢了。

树上的鸟儿看不清,但老天会眷顾我。水里冒出什么东西?宽阔的犀牛海上,普通秋沙鸭、白眼潜鸭和凤头潜鸭看来已经习惯了这里的天气,在被硕大的雪花打得涟漪微澜的湖面上依旧顾影自怜,优哉游哉。整座山的倒影沉睡在这个蓝色的湖里。潜鸭们似乎被这倒影迷惑住了,不时地钻入水下去探个究竟。

我并不满足于仅仅看到这些鸟儿,于是绕到犀牛海尽头处的湿地。那里芦苇连片,水道纵横,草滩星罗棋布,灌丛簇生。冰雪放大了一切变化,让很多东西都显露无遗,哪怕是白喉红尾鸲翅膀的微小抖动也无法逃脱我的眼睛。饶是如此,我竟然没有留意到两只漂亮的雄环颈雉就在脚边不远处,直到它们突然并排飞起,如凤凰一般拖着长而华丽的尾羽刺穿雪的白幕,消失在芦苇深处时才发现。

身边的树上传来的叫声像是小小银铃在响,这类豆干大的鸟儿一看就是长尾山雀。实在是近啊,而且接连不断地出来。看清了,看清了:小小的银灰色的脸蛋,还有棕色的胸带!太棒了!这是银脸长尾山雀,一种只分布在川北地区的我国特有鸟类。毫无疑问,它是我的新纪录。然后我就站立在那里,看着它们一闪一动、一挪一扭,任寒风把耳朵吹到没了知觉,心里却是暖洋洋的。开心大大的,像这鸟浪里鸟儿的数量那么庞大;开心小小的,私享的甜蜜就像它们细密的叫声。

继续前行。犀牛海边的甲里甲格神泉如丝线一般在流淌,一株古柏立于泉上,枝干苍老遒劲。此时雪小了一点,鸟儿们很敏感,林子里很快传来它们欢快的歌声。可是只有胆大的橙翅噪鹛跳到路边上,其他鸟儿始终不出来,我只能对着密匝匝的林子轻叹。

离开犀牛海后,我进入新出现的木栈道。此时只有我一个人的栈道在林子里缓缓地延伸;如果没有我,与它相伴的就只有那清冽的流水和两

犀牛海

只河乌了。在一个小小的石滩边，河乌好似长了腿的鹅卵石，丝毫不畏惧流水的刺骨冰寒，不时地"翻滚"着，而溪水仿佛没有阻力地滑过它的躯体。岸边的树干上积满了白雪，被猛然窜来的风摇得"扑簌簌"往下落。一脖子的冰凉啊！坠雪弄得我很狼狈，而受惊了的河乌像炮弹一样直直地飞走。我看了一下时间，来不及埋怨这没脑子的风了，因为到下一个目标——洛日朗瀑布，还有很长的一段路。

可是，三步并作两步赶到之后，眼前的洛日朗瀑布却有点令人失望。不能说不美，何况瀑布下方冰雪晶莹。可哪怕周遭的林木被瑞雪装扮得像圣诞节的童话世界，缺少了磅礴水流的瀑布终究还是让人觉得干巴巴的，仿佛一个恹恹的瘦老头。再想到这一路上的收获寥寥，心底不禁有些落寞。

风雪都已戛然而止。天空稍稍亮了些，那些先前看不清的雪山也露出峻峭的脊梁。爬到高处往下看，山林就像白色的画布，而一个又一个海子或蓝或碧、含青带赭，正是天神涂抹在画布上的浓墨重彩。

我举起相机，正打算将所有的美丽都收入镜头，背后却传来"啾啾啾"的鸟鸣。很近，近到让我在回首的霎时间就看到它匆忙逃窜的背影，还有扭头时狡黠的眼神——豆大的眼睛白比黑多，嵌在灰不溜丢的脸上；背上颜色稍深，飞羽稍稍显灰，浑身几乎看不到任何花纹，倒是屁股底下一大蓬绛红色的羽毛格外引人注目，都翻到尾巴上面来了。个头也不小，旁边的橙翅噪鹛看上去就像是它的小兄弟。没想到的是，翻遍了手边图鉴上的"噪鹛"属却找不到相似的鸟种。眼看着此鸟就在我眼前的灌丛里从左到右，又从右到左，一会儿探出脑袋，一会儿伸出屁股，冷不丁地还展示一下脊背，急得我站在路边抓耳挠腮，郁闷不已。忽然间风把手里的图鉴吹到"岩鹛"那一页。啊！这不就是栗背岩鹛嘛？！我一直以为所有的岩鹛个头都是小小的，怎料到有这种大家伙。由此可见，所谓的"经验"到了陌生的地方是多么地靠不住。

收获了栗背岩鹛后，我再回头看山下的海子。虽然原本靓丽的色彩因为天空中积聚的云朵再次变得黯淡，但我的心情却已大亮。

继续往下走，雪似梨花落。路边的树林下掩映着多彩的湖水，山雀们的叫声从谷底的湖边慢慢积聚而上。随着一个个小点慢慢地变清晰，一出鸟浪大戏渐渐拉开帷幕。绿背山雀带着水润的鲜绿，报幕一般第一个送来早春将至的消息。紧随其后的是它朴素的表亲远东山雀。在我国东南部已经习惯听远东山雀"子规、子规"口音的我，对它们在这里的"子规子、子规子"的三音节川话版单口相声还真有些不适应。同时，褐头雀鹛用漂亮的黄色翅膀来了段且唱且跳的三重唱。然后是一大群银脸长尾山雀集体登场，贼头贼脑的，谁让它们生着一副银灰色的面孔呢？！先前第一次见到银脸长尾山雀时太激动，只觉得很新奇，现在仔细看了去，怎么看都像戏台上的奸臣佞人，小眼睛里透着一股子狡诈。不期而遇的主角是那个小红点——绒球一样的砖红色小鸟戴着小小的黑头盔，活蹦乱跳地闯进我的视野。它就像森林里最受宠爱的小公主，无忧无虑。那些银脸长尾山雀飞了回来，围绕在它的周围，仿佛童话故事中白雪公主身边的小矮人，跳着让人捉摸不透的舞蹈。可爱的红腹山雀啊，你如此这般高调登场的方式，会不会有点太过作秀？

下午4点，景区里已经开始清场，我万般无奈地上了车。风景在窗外飞逝，而我已经开始怀念那些鸟儿了。

它们留在山林，只是今夜注定还要来到我的梦里，轻轻地歌唱……

奇 幻 世 界

  天还只是微微亮，而在青年旅舍后面的一些棚屋里，打工者们的早餐已经在通红的火苗上散发出香气。雪已经停了，附近山峦上的积雪在一夜之间消失殆尽，露出黄褐色的林子。整座山仿佛一只刚睡醒的毛茸茸的大猩猩。

  常言道"下雪不冷化雪冷"。膝盖上的老毛病让我对此次只穿了两条裤子就出门后悔不迭。昨日我在爬山，走走便热了；今天坐车一直到箭竹海，然后顺山而下，活动量小了不少，感觉很冷。因为停了风雪，今天从车上看到的树正群海更显艳丽，可是四周山林少了白雪的点缀，感觉整体反倒比昨日逊色不少。同行的小江是风光摄影爱好者，手里拿着相机，正不停地摇头叹气。我反正对风景已经不抱什么期望，只想着看我的鸟儿，倒也心平气和。

  不料车过了洛日朗瀑布附近的三岔口继续向上时，那路依旧是白茫茫的。它如一条玉带，虽然只是轻轻缠绕，却深深地拴住山林竹海。太阳躲在厚厚的云层后透着温和的光芒，放眼所及，世界冰晶依旧。这里的山高大挺拔，如张开臂膀的男人，将小女子一般秀丽动人的湖泊深情地揽在怀中。幸福的"女人"啊，将一颗又一颗的热泪流淌成河，化成星星一般迷人的宝石散布在林海深处，偶然闪现一抹光，就足以让你明白那千古之爱的结晶是多么动人。

  车在箭竹海停了下来。周围风景并不算太好，在一个宽阔的湖面上有一座白色的山；没有了秋季层林尽染的景象，这片海子显得很单调。然而，厚厚的积雪却让众多游人起了癫狂，尤其是南方的游客纷纷打起雪仗。大雪封住了通往海拔最高的原始森林的路，这让我感到沮丧，那片森林正是我计划看花彩雀莺的地方。其他游客的吵吵嚷嚷也让我糟心——鸟儿还没飞来就已被吓得四散逃离。

  继续坐车到了熊猫海。据说这里曾经是大熊猫出没的地方，当然现在不大可能有大熊猫了。熊猫海上有一半的地方都结冰了，只有不怕冷的绿头鸭和普通秋沙鸭坚守此地。那些贴山沿湖的廊桥栈道全都关闭，不让游人通过。我夹在一群兜售藏服照相的商贩中,心想这趟九寨沟旅游如果照此继续下去,不玩也罢。

于是我拽上小江,毫不犹豫地就踏上了下山的木栈道。世界顿时清静了!

我俩一下子就掉进了一个由高大的冷杉组成的巨型阵列里。木栈道上的积雪踩上去"咯吱咯吱"作响,低矮的箭竹在积雪的覆盖下显得葱翠欲滴,树上偶尔雪落的"窸窸窣窣"声与我们的呼吸声彼此呼应。

林中的溪流和瀑布此刻都已经冻结成冰,然而仔细看,那奔腾的欲望却正在倔强地滋长。一点一滴,雪水沿着被冻结的边缘缓慢而坚定地滴落,然后流淌向前。我们也在前行,可是总忍不住为那雪下红扑扑的落叶而停留,也放不下树林里松萝随风而动的妙曼身姿。更何况,那调皮的黑冠山雀和褐冠山雀总会突然跳过来,绕着我们飞啊唱啊,仿佛没有了明天似地亢奋着。是啊,明天我就要离开这里了,忽然间就伤感起来。这并不算完美的一趟旅程缘何让我这般心酸?有如此深的遗憾?

感谢老天爷,用五花海梦幻一般的色泽将我的情绪又调动了起来。

棕胸岩鹨

我不能不赞叹五花海的美。它就像一只华丽无比的蓝孔雀，尽管无非就是数点蓝、一片绿和几缕土黄的组合，却迷幻到让人忍不住要去拥抱它，让人羡慕那些生长在它身边的树木，可以这样终年厮守在它的身旁，哪怕永远失去自由。真的，看一眼就醉了，意乱情迷也不过如此！我们隔着湖面与那些拥挤的游人遥遥相对，共守着它的美丽——面对此等人间至美，大爱本无言。

一只棕胸岩鹨和几只白眉朱雀的到来让我猛然间想起此行的最初目的是看鸟。不过，自己随即便笑了：看鸟与看风景有什么本质区别呢？只要对自然有同样深沉而热烈的爱就够了。

珍珠滩！流水漫过一个山峦环绕、200米宽的斜坡，而斜坡上零星、低矮的灌丛和坑洼不平的钙华让抚过滩石的流水忽然间跳动起来，仿佛在演奏《土耳其进行曲》，又如蜂蝶狂舞。流水纷纷碎了，像扯断的珠帘、敲碎的琉璃或滚落的玉石，白生生地茫茫一片，"哗啦啦"地如大珠小珠向坡下滚落，化成珍珠滩美若梦幻的瀑布。那瀑布绵延数百米，上有青山之翠聚，下有碧水之缠绵。山风飘忽，吹开水雾纱帘，但见苔痕深深，冰清玉洁。仰观瀑布之雄浑，近触流水之纤秀，浑然一体，叹为观止。我喜欢这里的活泼与灵秀，当绵延的大山静谷都显得近乎呆板的时候，这份明朗的嬉闹欢愉情景显得尤为可贵。

时光荏苒。等我们赶到换乘中心时，去往长海的车只剩最后一班。路上的山谷比去箭竹海的地形更险峻高耸，路旁的积雪也更厚。盘山路绕得头晕晕的，除了在山顶附近翱翔的金雕，坐在车里根本看不到什么风景或鸟类，都被路边的杉林遮得严严实实。上季节海和下季节海只有在夏季才有积水，现在不过是山窝中一些长满荒草和积雪的洼地，与崖壁上原本用来欣赏它们风姿的凌空栈道寂寞相守。我想，即便如此，走近它们，在曾经流水潺潺的地方，在万木森森的山坡之下，定然有一种平常难以企及的视角来审视这个大千世界。不过这只是我个人的梦想，旅游部门的通勤车直达长海，中间不停车。

长海美啊！巍峨的雪山冷峻伟岸，冰封的峡谷密林绵延；看不到水，只有白茫茫的雪侵吞着这大开大阖犹如被天斧劈开的世界。再也不淡定

冬季的珍珠滩瀑布

了，我们只能呐喊，用最原始的呐喊来表达心中对天地大美的崇敬。这一刻，只要鸟儿不飞到眼前，我都无心理睬。

其实，也只有鸟儿飞到眼前才有机会看——下车还不到5分钟，司机就催促，说是最后一班车，得赶紧走，要清场，等等。连走到长海旁边的机会都没有，只能在高高的观景台上拍几张"到此一游"照。

抵达五彩池时，虽然导游说此处与五花海类似，而且小得很，可以不用看云云。然而，凭着直觉，我坚决拉着小江下车。

这深藏在密林中间的五彩池，我们还没有走近就被她那深邃的蓝给震撼了。台阶一步步地向下，池水的色彩一分分地变幻，诱惑着我们加快步伐。可是，我们还得小心翼翼，毕竟在积满雪的台阶上滑一跤可不是闹着玩的。就这样，在惊叹、着急和谨慎交织在一起的复杂心境下，我们终于穿过林海，走下山谷。

眼前哪里是一汪池水？她闪烁着流火一样的光，汇聚着天下的翠，集拢着世上的蓝！在白雪的映衬下，我唯一能想起的比喻是这就是一块硕大的祖母绿戒面。实际上，祖母绿没有五彩池这般灵动，亦不能如此变幻。这个五彩池只有游泳池大小，却比那蓝孔雀一般的五花海更显精致。如果说五花海是一位美丽的少女，五彩池则是雍容华贵的美神本尊。这尊"美神"有着秘不示人的绝世容颜，藏在层层叠叠的山林面纱背后，让有缘相见一眼的人惊艳一生。

心满意足！九寨沟之行就此画上一个句号。鸟儿？我本是为它们而来，却只有微小的收获。风景？只能说还不错，不过犹如那珍珠滩上跳跃的水花，也总会有一阵阵的惊喜。

人生难有完美之事。如果是秋天来九寨沟，想必那流花飞彩的美丽会更加动人。可是，需要说"遗憾"么？不必了吧！在那犀牛海边，一株鲜黄色的松树在冰雪融化殆尽之后的绝世独立，不正是秋天特地为我留下的回眸一笑么？！

再见，九寨沟！再见，川北的冬季！

长海标志性的"独臂老人柏"

南昌鄱阳湖
——踏遍湿地寻白鹤

大地宛若被施了魔法

盛开出一朵朵巨大的玉兰花

矶 山 湿 地

鄱阳湖观鸟比赛前几天，深圳的徐大姐在一个全国性的鸟友群里发帖，征集两个人在比赛前一天同去湖边过把瘾。我在后面满屏的各种怨念中"秒抢"了。没办法，观鸟，拼的就是机会啊！

南昌机场见面了我才知道，拼车的四人中还有小暴，另一位是和我一样来自厦门的陈哥。好几年不见，小暴依旧笑容可掬，话还是不多，只念叨鸟儿。

说实话，抢帖的时候我压根就没有想鄱阳湖此行能收什么特别的鸟种，能看到白鹤就是我全部的愿望。鉴于全世界约99%的白鹤都在鄱阳湖越冬，比赛时没有看不到的理由，所以从观鸟的角度本没有必要掺和的。然而多年的交往让我对一些鸟友的信任早已成为本能：有人召集，跟着去就对了。看到小暴，我更是心头一喜——没有好鸟是请不动这尊"佛"的！这不，他就连身段都越来越接近弥勒佛了……

车刚上路，小暴就开始对江西鄱阳湖南矶湿地国家级自然保护区（以下简称"南矶保护区"）辖区内大大小小十几个季节性湖泊进行介绍，什么方位、面积、主要鸟种、近年来的变化等如数家珍。我听得很佩服，忽然

湿地中的灰雁和骨顶鸡

　　间脑海里灵光一闪,问了一句:"你来过?"

　　"没有啊!"

　　我晕!这个以考究资料出名的"暴专"果然是"文献派观鸟"*第一高手!我懒得再问鸟情了,反正好鸟会等着我的——跟着小暴就是这么自信!然而,实际情况是这样的:当年在四川,我跟着小暴找棉凫、青头潜鸭和其他稀奇古怪的鸟,找得腿软肚子瘪,从冬雪纷飞到春暖花开,但最终连一种都没找到过……真不知道我对他的那份信心究竟来自哪里,难道是我这人神经很大条么?

　　鄱阳湖很大一部分区域属于季节性湿地。在夏季,这里是一汪浩淼的水,天地青青,尽在波澜之间悠悠一色。到了冬季,除了湖中心,只有一些较深的河汊和人工拦截的湖泊里还有浑黄的水,更多的是广袤无垠的湿地草原,云天茫茫,长风呼啸,百草低伏。

　　这些湿地中水草膨大的根茎和湖里丰富的鱼虾是雁鸭类、鹤类、鹳类等水鸟重要的越冬食物,吸引它们迁徙来此熬过一年中最艰难的时光,鄱

---

* 文献派观鸟指善于通过检索各种学术和非学术的文献资料,挖掘适合观鸟的地点的行为。

阳湖由此成为我国乃至世界上最重要的候鸟越冬地之一。所以,当面前数千只鸿雁齐飞、羽翼叠交如乌云盖日、鼓翼之声似风过松林直灌入耳的时候,我们除了赞叹,没有丝毫的惊奇。来到这里就是要接受大自然这般震撼人心的洗礼,我们早已做好准备。

相较于自然的伟岸,我们每个人都是渺小的。在大山大河的怀抱里行走久了的人,对此莫不深以为然。可是,正因为自身的渺小,投身其中,才能体味出那无尽的可能和无穷的精彩。所以我很想知道小暴嘴里一直惦记的雪雁此时此刻究竟是一种怎样的心情?它孤单一只,在数以万计的灰雁群中是桀骜不驯,还是俯首低眉?又或者只是朋友般的相依相伴?离开北美洲由几十万只雪雁组成的巨大种群来到此地,是因为一时迷茫跟错了迁徙的队伍,还是因为一切皆有可能的爱情?

小暴问:"山鹰,雪雁去哪里了?"

"不知道,不过会有的。俺鸟品好!"

冬日的阳光给了我一丝温暖,也给了我谜一样的自信。陈哥对此表示不屑,但我威胁他,让他闭嘴赶紧找鸟,否则第二天开会发言的事情就归他了。他立即就"屈服"了。

我的鸟品真的是好啊!他们都沉浸在拍摄灰雁群高飞的场景时,我的望远镜里闪进一个白点。

"雪雁!单筒望远镜!快!"

没有丝毫的废话,所有人的第一个目击新种被我收入囊中。抬手看了一下手表,历时不到10分钟。

雪雁肥硕的身材在草丛中摇摇晃晃,真的像一只大白鹅。好在它飞翔的时候可以清楚地看出它的初级飞羽是一大片墨色,不至于闹了当年在洞庭湖观鸟比赛时有人将一只白化的豆雁误认为是雪雁的笑话。

这只雪雁并不活跃,多数时间在埋头睡觉。混迹在灰雁群中是不用担心安全的——有的是尽心尽责的同伴伸长了脖子左右张望、扭头观天做着警戒工作。雁群素来"有组织有纪律",就连吃草也都分批进行,自然就便宜了这位"搭便车"的"懒鹅"。可是,谁家主人会苛求客人要跟着一起辛劳做家务呢?所以我们的雪雁翅膀一收,就"凝固"成草丛中的一个

白琵鹭（近处）和东方白鹳（远处）

白点。即使是到了第三天的比赛日，它依旧待在那个位置附近，成了这次所有来鄱阳湖观鸟的人开心的源泉。

其实鄱阳湖最让我着迷的并非雪雁，而是东方白鹳。与小暴不同，我去外地观鸟基本不做特别的攻略，看到什么算什么。我知道鄱阳湖有东方白鹳，但没有想到有那么多、这么近。更关键的是，它们如此优雅！

在亲眼见到东方白鹳之前，任凭我见过很多影像，都不曾将这种嘴巴硕大、身材臃肿、降落姿势略显笨拙的家伙与"优雅"这个词联系起来。可是眼前的它们，举足笃定稳缓，如金銮殿上踱步的重臣；低头温柔，有着女孩子的羞涩；昂首凝望天空，似君王的坚定。它们就连觅食也不急不躁，全然不似附近那些左右晃着脑袋、只顾埋头吃喝的白琵鹭。在鄱阳湖越冬的东方白鹳数量并不比白琵鹭少多少，但绝不如后者那般拥挤在一起，而是各自保持着维系尊严的距离。偶有几只东方白鹳扬翅高飞掠过我们的头顶，它们宽大如滑翔机的翅膀排成的队列给我一种难以名状的威严感。难怪以理性和严谨闻名的德国人会选白鹳*作为他们的国鸟。

陈哥的观鸟经验相对较少，豆雁、白额雁、小白额雁、灰雁和鸿雁在天空中矫健的身影与它们在地面上的笨拙形成鲜明的对比，让他看得乐不可支。当陈哥还在纠结于各种野鸭和潜鸭雌鸟的辨识时，徐大姐、我和小暴只是在看到几只花脸鸭时才略略有点宽心。小暴甚至做起偶遇红胸黑雁的美梦了。若真能如此，那简直是"东邪"遇上了"西毒"，太过难得了**！我没那么贪心，惦记着问了一句"怎么一只白鹤都没看见"。我这一问，大家也都觉得奇怪：是啊，白鹤呢？

天很快阴沉下来。白腹鹞就在车的前方低飞盘旋，然而这种光线下

---

* 白鹳又名欧洲白鹳，是东方白鹳的近亲。除了白鹳的喙红色、东方白鹳的喙黑色，它们的外表很相像；二者生活习性也相差不大。在我国境内，白鹳分布于新疆，东方白鹳在东部地区。
** 尽管都被认为是迁徙途中的"迷鸟"，红胸黑雁一般是从欧洲顺着天山山脉来到我国，雪雁则是从北美洲越过白令海峡并经西伯利亚南下至我国。这两种鸟近年在国内都有越冬记录，但数量基本上限于个位数。

花脸鸭（雄鸟）

拍不出什么像样的照片，坐在车内也不方便欣赏，下车的话它就立即飞得远远的。几番折腾，数度被"调戏"，一狠心，算了。白腹鹞而已，又不是没见过。不看了，吃饭去！

鄱阳湖的鱼都是野生的。冬初湖水消退后，各个湖区的渔民并不着急捕捞，而是将鱼虾等水生动物继续养着，等到12月的时候再将湖塘的土堤扒开，水落鱼出，白花花的如同会跳的银子——年底市场需求大时可以卖个好价钱。正因为如此，经过长途迁徙来此、饥肠辘辘急需用鱼虾补充体力的候鸟们只能干瞪眼——面对美味的湖鲜，谁能抢得过人类啊？！所以，从今年[*]起，鄱阳湖南矶保护区向湖塘的承包人推出了一项名为"点鸟奖湖"的创新管理措施——呼吁承包者推迟放水；湖塘里的鸟越多，奖励就越多。为了保证公平，各个湖塘中鸟的数量由来自全国各地的观鸟者作为第三方负责统计。统计结束后，观鸟比赛才正式开始。

这绝对是一次多赢的尝试，因为鄱阳湖今年的候鸟密度明显提高。

---

[*] 本文最初成稿于2013年。

在鄱阳湖的这几天，我们与保护站的几位年轻工作人员有很多交流，他们身上散发出来的朝气让各种保育行动焕发出勃勃生机，令理想成为可能。即便目前还不得不面对很多难以逾越的障碍，这些接受过科学、生态、保育等方面专业训练的新一代保护工作者是当前国内保护工作的中坚力量。当然，我们这些观鸟者所做的推广和环境教育工作也是对他们源源不断的支持。

言归正传，继续说"鸟事"。在大唉以鱼虾等湖产为原料的农家美食之后，这个夏季四面环水、如今四周草长莺飞的南山岛上的一片林地吸引了我们的注意力——即使水鸟才是鄱阳湖观鸟的重点，对于林鸟，我们也不嫌弃。胖嘟嘟的领雀嘴鹎、活泼的远东山雀、呆头呆脑的黑尾蜡嘴雀都让我们的这次观鸟之旅变得更加丰富。

隔着一条河沟，南山岛对面是一片半干涸的湖区。我们寻了个高地，小暴刚架好单筒望远镜就开始欢呼："白枕鹤！"

我的个人新种！那几只林鸟瞬间就被众人"抛弃"了。不顾脚上的泥泞越来越厚，我赶紧爬上去，来不及喘口气，肘部已经将"吨位"超过我一半的小暴挤到一边。

"漂亮！哇，有幼鸟！有脚环！"

掏手机、对着单筒望远镜拍下、发微博，一气呵成。没过几分钟就有了回复，原来这是蒙古国科学院前不久环志的。赶紧告知发现地的经纬度等详情，仿佛自己也参与了该环志项目一样激动。

白枕鹤一家三口此刻正在湖滩上觅食，宽大的飞羽在风中有些凌乱。从脖子后部向上延伸至脑后的一条鼠灰色纹路让它们原本就很修长的脖子显得越发清雅，那如同披着洁白头巾的脑袋上是似乎窥探了某些秘密之后涨红的脸庞。欧洲人称白枕鹤为修女鹤，想来正因为如此。幼年白枕鹤基本在低头觅食，父母则轮流守望。其实在这里它们并不需要担心有什么天敌，甚至也无需担心人类的骚扰。或许只是这一路已经经历了太多的提心吊胆，它们还习惯性地在我们静静的观赏和默默的祝福中防备着。

离开白枕鹤，我忍不住又问了一句："白鹤去哪里了？"

"去大湖找找！"小暴挥挥手，我们跟着走。

大湖在矶山岛的后面,有一个小时的车程。一路上已经没有什么能让我们停下车子,即使是在芦苇丛里玩杂耍的中华攀雀也不行,更别提云雀了。云雀飞到半空,唱破了嗓子想要吸引我们的注意力,然后猛然降落到草丛里,企图和我们玩捉迷藏。无奈这些招数在目前对我们几个实在不新鲜,照样不给面子。

　　车轮飞滚,直奔矶山岛。

　　我完全没料到矶山岛上有那么大一片树林,还有一个因为持续百年人工采石留下的峡谷。来不及欣赏这红色石谷的美色,也来不及去林子里与小鸟们打招呼了,大湖在召唤我们。

　　咦?前面还有一辆车!从车窗里伸出的长焦镜头后面,是身形比小暴更让人觉得厚实的"恨狐"。他是来自河南的鸟友,我们在网络上互动已久,真人还是第一次见。大家来不及寒暄,我上去就问:"看到白鹤没?"

芦苇丛上空飞过的雁群

"没呢！一只都没有。"

一听此话，心凉了半截。来鄱阳湖看不到白鹤，没天理嘛！可没有就是没有——鸟儿并非仙子，不会在我们的期待和祈祷中从天而降。好吧，那就静静地在湖边圈个"尿标"——我来过了！别埋怨这种行为有点不上档次——你没法拒绝大自然的强烈呼唤，不是吗？

大湖里虽然没有白鹤，但白琵鹭、东方白鹳和白额雁很多。仔细看看，苍鹭、青脚鹬、红脚鹬也不少，绿翅鸭成群，骨顶鸡甚至密密麻麻。"诸位鸟君，麻烦你们了。看到白鹤请跟它们说一声，有人曾慕名前来拜访过。"

在大湖边我看到一家公益组织前不久立的石碑，大意是在此放生了救助的鸟儿，希望大家都来保护候鸟。有越来越多的社会群体关注候鸟，说到底是关注生活在这片土地上的人类自己。每个人关心社会的角度不同，方式各异，但只要心存这份关爱，那么我相信，在春风吹拂大地的时候，桃花也好，梨花也罢，都会开出姹紫嫣红的美丽。

带着没有找到白鹤的遗憾和继续寻找的希望，那天晚上，全国各地二十几家观鸟组织的代表聚集在一间小小的宾馆房间里，讨论第二天的会议议程，以及未来该如何联合各自的力量为天空中美丽的鸟儿做些什么。那些熟悉的和不熟悉的面孔，那些眉眼之间的各种笑容，在深深的夜，与天空中划过的翅膀一起，陪我入梦。

记得当晚临睡前，我敲开了小暴的房门，站在门口问了一句："暴君，你再翻翻资料，白鹤去哪里了？"然后丢下本已睡眼惺忪的他，在空调吹出的暖风中打了个冷战……

点鸟奖湖

"点鸟奖湖"活动开始时，我们被分配到一个需要坐冲锋舟才能抵达的湖面。

鄱阳湖是血吸虫疫区，冬季衣服要穿得比较厚，否则即使是水草也碰不得。想想生活在这些湖区的人，他们因为鄱阳湖丰饶的渔业资源获得

灰鹤

了财富,同时不得不承受着血吸虫带来的折磨。人类在向大自然索取的同时,所付出的代价不可谓不大。

　　因为承包这个湖区的湖老板已经放了不少的水,所以这里鸟并不多,总计也就1 600只左右,不过东方白鹳倒是有200来只,白头鹤一家三口也在这里。起先还想着会不会看错了,因为昨天白枕鹤一家三口就是在这个湖面(当时我们在湖的另一侧,隔着河道远远看到)。于是,我们扛着单筒望远镜又靠近了200米,真真切切,确认没看错!虽然看上去与白枕鹤很类似,但白头鹤脸上的红润区域却小得多,脖子的上半截更是白净如雪。

　　鹤在昂首阔步或翩翩起舞的时候才好看,而眼下这几只鹤埋头苦吃的样子则让人觉得它们与鸵鸟无甚差别,但你怎么可以忍心打搅它们安心的觅食?经历过万里迢迢的迁徙,它们急待补充营养、恢复体力。

　　遥远的地方还有几只灰鹤。今天天色不好,阴沉沉的,本就灰不溜丢的灰鹤若不是飞羽上还有些墨色,真是相当不起眼。于是越发地想念白鹤,希望它们那身洁白的羽色可以如手术刀一样划破满眼的阴云。

　　打电话问别的队伍,都说没有看到白鹤。我们只好沿着湖区继续盲目地搜寻。见我们有些无聊,大赛巡回车上的司机小熊主动和我们拉家常。没想到他的爷爷居然是曾任厦门大学教授和党组书记,后来出任中国社会科学院历史研究所副所长的熊德基先生。我对熊先生虽不熟悉，不过记得曾经有人说他淡泊名利、不恋官场。这个小伙子笑起来很可爱，在湖区为我们这些比赛队伍来回服务。每每和我们说到保护区、说到鸟、说到家人，他谈笑风生的劲头十有八九正是继承了他爷爷洒脱的风范。

借着小熊师傅的笑容，我们终于收到好消息。先是听说江苏队看到白鹤了，然后成都队来电话说白鹤就在他们现在的位置。巡回车已经另有安排，我们担心赶过去时白鹤就已飞走了，于是厚着脸皮请自己开车来的成都鸟友过来接我们一下。

车一停，我们就从车厢内蜂拥而出，而那些白鹤却悠闲自得。它们数量不多，站在半干涸的湖滩中，宛若大地被施了魔法，盛开出一朵朵巨大的玉兰花。那一刻，涌上心头的不仅仅是喜悦，更有一种手舞足蹈的欲望。心潮之澎湃，足以与耳畔呼啸的风声鼎力抗衡；阴霾、寒冷统统都在瞬间蒸发。

细看那些白鹤，模样其实相当滑稽：它们是中国所有鹤类中脖子与躯干的相对比例最大的，同时长长的喙与半张全都是裸红色的脸总让人误以为二者浑然一体，由此更显头重脚轻。它们每走一步，我都担心会摔倒，有种想跑过去扶一把的冲动。

白鹤

如愿以偿地看到了白鹤，自然要告诉小暴，顺便提了一下我们看到的白头鹤。电话那边一声惊呼："老子没看到啊！"作为重庆人的他说话果然火暴！哈哈哈哈！

后记：2013年鄱阳湖观鸟比赛获得冠军的是"恨狐"所在的队伍，可是他们去婺源观鸟心切，白天比赛刚结束全队的人都走了。晚上颁奖时，主办方拿着奖品喊了半天没人上台，搞得大家都喊着要把奖品分了。我们组排在第四，奖品是鸟类图书，就全都捐给了小暴，作为给赛前刚刚成立的重庆观鸟会的贺礼。

高山雪景

鸟类名称索引

阿穆尔隼　113
鹌鹑　139
暗胸朱雀　49,94
八哥　106,161
八声杜鹃　17
白翅浮鸥　64
白顶溪鸲　33,56,84
白额鹱　129,132,134
白额雁　190,194
白额燕鸥　64
白腹鸫　5
白腹短翅鸲　48,83,84
白腹锦鸡　24,25
白腹蓝鹟　3
白腹鹞　190,191
白骨顶　161
白冠燕尾　20,170
白鹳　190
白鹤　155,187,190,192-197
白喉短翅鸫　9
白喉红尾鸲　32,57,177,179
白鹡鸰　33,37,176

白颊噪鹛　70,100,101
白领凤鹛　24
白鹭　61,122,161,162
白眉鸫　5
白眉山雀　24
白眉山鹧鸪　7
白眉朱雀　30,57,75,83,167,184
白琵鹭　190,194
白秋沙鸭　160,162-164
白头鹎　153
白头鹤　195,197
白鹇　7,101
白胸苦恶鸟　70,105
白眼潜鸭　179
白腰草鹬　119
白腰文鸟　67
白枕鹤　192,195
斑头秋沙鸭　160
斑尾榛鸡　84,87-89,94
斑嘴鸭　105,162
北红尾鸲　32,109,161
苍鹭　123,143,161,194

藏雀　57
叉尾太阳鸟　11
长尾地鸫　33
长尾缝叶莺　107
长尾雀　57
长尾山椒鸟　24
橙翅噪鹛　30,167,170,176,179,181
橙腹叶鹎　11,15
橙胸姬鹟　24
赤腹鹰　79
赤红山椒鸟　70,105,106
赤颈鸫　35,37
赤尾噪鹛　18
赤朱雀　83,86,94
纯色山鹪莺　105
翠金鹃　16,17
达乌里寒鸦　37,53
大白鹭　161
大斑啄木鸟　54,78,113,172
大凤头燕鸥　62,63
大噪鹛　30,58,84,168,

170
大嘴乌鸦　26,35,37,51,
　　53,54,109,168,176,177
戴胜　113
丹顶鹤　123-126
淡眉雀鹛　8,70,101,108
靛冠噪鹛　78,79
东方白鹳　190,194,195
东方大苇莺　61
豆雁　189,190
鹗　122
发冠卷尾　71
方尾鹟　24,35
粉红胸鹨　35
凤头百灵　117,119,120
凤头蜂鹰　113,131,144,
　　146,147
凤头䴙䴘　157,158
凤头潜鸭　162,179
凤头雀莺　94
凤头鹰　13
甘肃柳莺　75,86
高山短翅莺　18
高山兀鹫　23,36
高山旋木雀　35,171
戈氏岩鹀　37,54,114,
　　121
骨顶鸡　161,188,194
鬼鸮　86,87,89
海鸥　164
河乌　180
贺兰山红尾鸲　75
贺兰山岩鹨　75
褐翅鸦鹃　144

褐冠鹃隼　149
褐冠山雀　170-172,183
褐柳莺　131
褐头雀鹛　172,181
褐头山雀　54,91,172
褐胸山鹪莺　144
褐岩鹨　75
黑顶噪鹛　49
黑短脚鹎　70
黑额山噪鹛　58
黑鸢　131
黑腹滨鹬　158
黑冠鹃隼　70
黑冠山雀　24,171,172,
　　183
黑鹳　110,120,136
黑喉红尾鸲　32
黑喉山鹪莺　67
黑喉噪鹛　101
黑鹎　80
黑颈鹤　60
黑颈䴙䴘　159
黑卷尾　5
黑脸噪鹛　101
黑领噪鹛　13,70
黑眉苇莺　122
黑水鸡　161
黑头金翅雀　84,85
黑头鹀　75,84
黑尾蜡嘴雀　192
黑尾鸥　63,64,131,132
黑胸歌鸲　34,37
黑枕黄鹂　79
黑嘴端凤头燕鸥　62-64

红翅绿鸠　17
红点颏　134
红耳鸭　67
红腹角雉　20,49
红腹锦鸡　20,21
红腹山雀　181
红喉歌鸲　134
红喉姬鹟　36,143
红喉潜鸟　157-159
红交嘴雀　31,75
红脚苦恶鸟　139
红脚隼　113,148
红脚鹬　194
红颈滨鹬　158
红隼　90,113,114,131,
　　144
红头穗鹛　70,71,101
红头咬鹃　12
红尾歌鸲　4
红尾水鸲　33,56,67,84
红胁蓝尾鸲　33,161
红胁绣眼鸟　131
红胸黑雁　190
红胸秋沙鸭　159
红嘴巨鸥　122,159
红嘴蓝鹊　5,67,106,170
红嘴鸥　113,122,131,
　　158
红嘴山鸦　37,90,176
鸿雁　190
胡兀鹫　28,36
花彩雀莺　91,182
花脸鸭　190,191
怀氏虎鸫　11,12

鸟类名称索引

环颈鸻　61,64,158
环颈雉　7,83,86,164,179
鹨嘴鹬　110,117-120
黄腹山鹪莺　105
黄喉噪鹛　78,79
黄喉雉鹑　29,30
黄颊山雀　172
黄脚三趾鹑　139
黄脚银鸥　132,159
黄眉姬鹟　4
黄眉柳莺　107,131
黄雀　7,9
黄苇鳽　113
黄胸山雀　89,90,92
灰背伯劳　24,55,83
灰背鸫　35
灰背燕尾　13,14,70
灰鹤　195
灰喉鸦雀　177
灰斑鸠　106
灰卷尾　78
灰蓝山雀　89
灰脸鵟鹰　144,149,152,153
灰林鵖　108,109
灰山椒鸟　131
灰头鸫　83,84
灰头灰雀　24,55,167
灰头绿啄木鸟　35,78
灰头鸦　105,131,161
灰雁　188-190
家燕　58
金雕　172,176,184

金色林鸲　49
金色鸦雀　17
金胸雀鹛　16
蓝翅希鹛　46
蓝大翅鸲　169
蓝额红尾鸲　31,33,34,90
蓝歌鸲　4
蓝马鸡　51,60,168
蓝眉林鸲　33
栗背短脚鹎　7
栗背岩鹨　181
林雕　70,72,148,151
领雀嘴鹎　67,169,192
绿背山雀　24,45,55,172,181
绿翅鸭　161,194
绿鹭　101,144
绿头鸭　165,166,182
矛斑蝗莺　131,132,134
矛纹草鹛　45,46
煤山雀　55,75
棉凫　188
欧洲白鹳　190
普通翠鸟　67,68,105,139,143,144
普通鵟　161
普通秋沙鸭　35,162,163,179,182
普通鸬　177
翘鼻麻鸭　112,124
青脚鹬　194
青头潜鸭　188
鸲姬鹟　134

雀鹰　33,55,113,131,177,178
鹊鸲　48,106
鹊鸭　112
鹊鹞　134
日本松雀鹰　135,136
三道眉草鹀　64
山斑鸠　135,136,161
山鹛　115,121,122
山噪鹛　53,54,58
蛇雕　13,66,72,131
石鸡　114-116
寿带　3
树鹨　107,108,161
四声杜鹃　80
台湾鹎　153
铜蓝鹟　46,48
乌雕　130,132,148
乌鸫　5,161
乌灰鸫　5
西伯利亚银鸥　159
喜鹊　37,68,161
小白额雁　190
小杜鹃　18
小灰山椒鸟　24
小鹀鹀　105,160,164
小田鸡　113
小燕尾　42
小云雀　139
楔尾伯劳　118
星头啄木鸟　78
修女鸥　192
须浮鸥　64
雪鸮　155

雪雁 189,190	玉带海雕 122	中华攀雀 193
血雀 83	鸳鸯 80,81	珠颈斑鸠 145,146,161
血雉 31,32,55,89,94	远东山雀 7,105,176,	紫背苇鳽 113
岩鸽 36,38,120,176	181,192	纵纹腹小鸮 114,115
燕隼 113,131,147,148	云雀 119,193	棕背伯劳 106
银喉长尾山雀 82,84	噪鹃 5,18	棕背黑头鸫 30
银脸长尾山雀 179,181	赭红尾鸲 32,45,57,83	棕腹柳莺 24
鹰雕 13	雉鹑 89-91	棕褐短翅莺 18
鹰鹃 18	雉鸡 7	棕颈钩嘴鹛 70,101
鹰鸮 79,80	中杜鹃 18	棕眉柳莺 34
游隼 113,147	中华凤头燕鸥 62,63	棕胸岩鹨 31,32,183,184